실험하는 여자, 영혜

실험하는 여자, 영혜

초판 1쇄 발행 | 2018년 3월 15일

지은이 이영혜
발행인 이대식

주간 이지형 **편집** 김화영 나은심 손성원 김자윤
마케팅 배성진 박상준 **관리** 이영혜
디자인 모리스 **일러스트** 고고핑크

주소 서울시 종로구 평창길 329(우편번호 03003)
문의전화 02-394-1037(편집) 02-394-1047(마케팅)
팩스 02-394-1029
홈페이지 www.saeumbook.co.kr
전자우편 saeum98@hanmail.net
블로그 blog.naver.com/saeumpub
페이스북 facebook.com/saeumbooks
인스타그램 instagram.com/saeumbooks

발행처 (주)새움출판사
출판등록 1998년 8월 28일(제10-1633호)

ISBN 979-11-87192-85-5 03400

실험하는 여자, 영혜

과학 없이 못 사는
'공대 여자'의
생활 밀착형 과학 이야기

이영혜 지음

새움

작가의 말

제가 실험에 눈을 뜬 건 방송기자 일을 시작하면서부터입니다. 평소엔 '셀카' 한 장 찍는 것도 싫어하지만 비싼 ENG카메라 앞에 서니 뭐라도 해야겠다 싶더군요. 특히나 취재하는 게 죄다 우주, 대기, 미생물같이 눈에 보이지 않는 주제들이다 보니, 카메라 기자의 원망을 듣지 않기 위해서라도 머리를 써야 했습니다.

처음에는 아주 간단한 실험을 했습니다. 폭염이 연일 이어지던 어느 여름, 도심이 얼마나 뜨거운지 보여주기 위해 아스팔트 도로에 차돌박이 한 점을 얹었습니다. 오 마이 갓. 무슨 고깃집 불판보다 더 맛있게 익더라고요! 달궈진 아스팔트 온도가 60℃에 육박한다는 경고 100마디보다 강력한 한 번의 실험이었습니다.

그 뒤론 할 수 있는 건 모두 실험했습니다. 6주 동안 육식을 중단하면서 변 상태를 비교하기도 하고, 어떤 동물 털이 가장 따뜻한지 실험하기 위해 개털을 주우러 다녔습니다. 집 안 곳곳 가전기기의 저주파 소음을 측정하고, '철컹철컹' 수갑 찰 각오를 하고 국회 뒷마당에 드론을 띄웠습니다.

그러면서 느꼈습니다. 기사 하나 쓰기 위해 정말 '개고생'을 하는구나…는 농담이고요. 과학이 의외로 재미있고 일상과 가까이 있구나. 딱히 몰라도 사는 덴 문제없을 것 같은데 알아두면 깨알같이 도움이 되는구나 하는 걸요. 솔직히 마트에서 수산물 점검하는 방사능 측정기가 얼마나 정확한지 다들 궁금하잖아요? (자세한 내용은 책에!)

이 책은 한때 '이과 망해라' 했던 이공계 출신 기자가 뒤늦게 발견한 과학의 매력을 담은 책입니다. 과학, 의학, 기상 분야를 취재하면서 현장에서 몸소 느낀 이야기를 다양하게 펼쳤습니다. 읽고 나면 과학 이슈, 과학 기사가 달라 보일 거라 자신 있게 말할 수 있지만, 그래도 조금은 떨리네요. 제 이름을 걸고 쓰는 책은 처음이라 말입니다. 앞으로 계속 과학 기자 해도 될는지 한번 지켜봐주시기 바랍니다.

2018년 3월

이영혜

차례

막 먹는 영혜 씨

인내하는 영혜 씨

엉뚱한
영희 씨

불안해하는 영혜 씨

공대 여자 영혜 씨

친절한 엘레 씨

263

막 먹은
영혜 씨

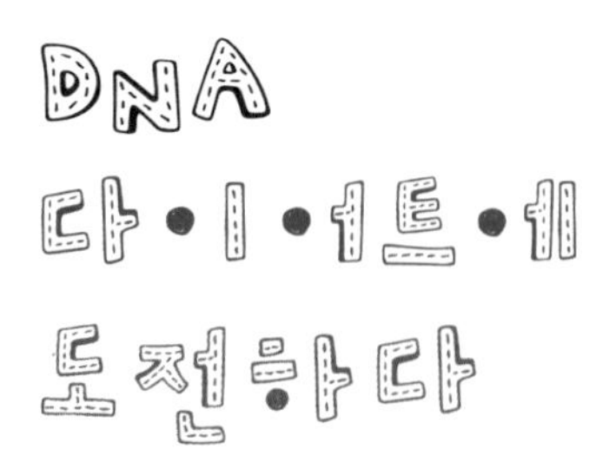

DNA 다·이·어트·에 도전하다

"어릴 때 살은 나중에 전부 키로 간다."

부모님 말씀을 곧이 믿는 게 아니었다. 키 173cm에 몸무게 67kg. 키로 가고도 남은 살들은 서른 살이 넘도록 한 몸이었다. 뼈대가 무거워서가 아닐까, 티브이에서 매일 날씬한 연예인들만 보다가 착시가 생겨버린 건 아닐까, 과학 기자로서 냉철하게 분석도 해봤다. 그런데 솔직히 체지방률이 너무 높았다. 30.1%. 여성의 정상 체지방률 범위(17~24%)를 크게 웃도는 과학적인 비만이었다.

다이어트를 안 해본 건 아니었다. 지중해식 다이어트부터 해독주스 다이어트까지 유행하는 건 다 해봤다. 비만 관련 최신 논문들도

섭렵했다. 그러나 소용없었다. 시간이 흐를수록 나잇살만 늘 뿐. '맛있게 먹으면 0칼로리'라는 말로 스스로를 위로하며 조금씩 포기해 가던 어느 날, 운명의 다이어트를 만났다.

'개인의 유전적 특성을 반영해 최적의 체중 관리 방안을 알려드립니다.'

그날도 곱창(에 소주) 모임을 마치고 돌아오는 길이었다. 노곤한 몸을 버스 창문에 기대 영혼 없이 페이스북 타임라인을 넘기고 있는데 순간 지인의 담벼락에서 '유전자' '최적' '체중 관리' 문구가 눈에 띄었다. '제노플랜'이라는 벤처기업이 내놓은 '유전자 맞춤형 다이어트' 서비스라고 했다.

솔깃했다. 유전자로 다이어트를 한다니! 우리 몸이 기계라면 유전자는 설명서였다. 내 몸을 만들고, 내 모든 생명 활동을 이래라저래라 하는 게 바로 유전자라는 DNA 배열 방식이다. 그렇다면 그 설명서 어딘가에는 '나'라는 기계를 날씬하게 만들 방법이 적혀 있지 않을까? 차갑게 식었던 의지가 다시 샘솟았다. 다음 날 아침 당장 회사에 전화를 걸어서 참여 의사를 밝혔다.

"제품이 정식으로 출시되기 전이라서요."

"제가 해보고 싶어서 그런 게 아니에요! 독자들을 위해 사회의 이슈를 반 발짝 앞서 제공하는 게 기자가 할 일이고……."

꼭 이럴 때만 독자를 판다. 뭐, '기레기'라고 욕해도 좋다. 사심이지만 진심으로 취재하면 좋은 기사가 나올 수 있다고 믿으니까. 어쨌든 며칠 뒤 분석 키트가 회사로 배송됐다.

"타액을 용기의 눈금 선까지 채워주세요……라고 적혀 있네요? 타액이 뭐죠?"

"침!"

"우엑! 이거 정말 찍어야 해요?"

분석 키트를 보고 흥분한 나와는 달리, 옆에서 지켜보던 디자이너 후배는 이 사실을 매우 그로테스크하게 여겼다. 그는 이번 유전자 다이어트 체험을 촬영하고 동영상 기사로 제작하는 역할을 맡았다. 즉 다 큰 어른인 내가 침을 흘려 모으는 전 과정을 지켜봐야 했다.

제노플랜은 유전자 분석을 위해 침 2mL를 요구했다. 침에서 DNA를 추출해 유전 정보를 알아낼 수 있기 때문이다. DNA 검사라고 하면 흔히 피를 뽑는 걸 생각하는데 침이 훨씬 편리하다. 날카로운 바늘로 소중한 혈관을 찌르지 않아도 되고, 혈액과 달리 침은 상온에서 보관해도 상하지 않는다. 실제로 '23앤미23andMe'와 같은 외국 유전자 분석 회사에서도 침을 자주 사용한다. 제노플랜은 침을 담아 보내라고 시험관 모양의 전용 키트까지 보냈다. 뚜껑에 보존액이 들어 있어서 뚜껑을 닫으면 배송 기간 동안 DNA가 변하지 않고 유지된다고 했다. 무려 미국식품의약국(FDA)이 승인한 키트라고. 생각할

수록 과학 기자에게 꼭 맞는 다이어트였다.

2mL면 어려운 양은 아니었다. 설거지할 때 세제를 두 번만 짜도 2mL는 될 테니까. 그동안 맛집을 탐방하며 찍어놓은 사진들을 보며 본격적으로 침을 모으기 시작했다. 당시에 황홀했던 맛이 떠오르면서 금세 혀 밑으로 침이 차올랐다. 세상에 이렇게 맛있는 것들이 많은데 다이어트를 해야 한다니. 눈물을 머금고 한 방울 한 방울 소중하게 모은 침을 유전자 분석 동의서와 함께 제노플랜에 보냈다.

'당신은 비만이 되기 쉬운 몸입니다.'

"후우(깊은 한숨)."

내 그럴 줄 알았다. 한 달 동안 목 빠지게 기다리던 결과는 예상과 너무도 일치했다. 나는 비만이 되기 쉬운 몸이었다. 다이어트를 해도 요요가 반복되고, 방금 밥을 먹고 돌아섰는데도 금방 허기지는 이유가 유전자에 있었다. 어머니, 왜 절 이렇게 낳으셨나요! 당장 엄마에게 전화를 걸었다. 엄마는 철벽이었다.

"난 아가씨 때 너처럼 안 뚱뚱했다. 그리고 너, 막 태어났을 땐 정상 체중이었어!"

엄마가 아무리 부인한다고 해도, 몸무게가 많이 나가는 것은 음식을 많이 먹는 나의 환경적 요인도 있지만 유전적 부분도 꽤 크다.

1999년 5월 《사이언스》지에 실린 「인간 비만 유전자에 대한 연구」 논문에 따르면 유전적 요인이 체중에 영향을 미치는 정도는 적게는 40%, 많게는 70%나 된다. 유전적인 이유로 신진대사 속도가 느려 살이 찌거나, 운동을 한 효과가 다른 사람에 비해 잘 안 나타날 수 있다는 뜻이다.

나의 경우가 바로 그랬다. 유전자로 분석한 나의 비만위험도는 '높음', 요요현상이 올 확률은 '높음', 식탐 경향은 '높음', 공복감을 느끼는 정도 '높음', 간식 섭취 선호도 '높음'……. 태어날 때부터 다이어트에 불리한 몸이었다. 그런데 어떻게 침 몇 방울로 식탐 경향과 공복감에 민감한 것도 알아낼 수 있는 거지? 믿을 수 없었다. 아니 믿고 싶지 않았다. 분석 결과를 펴놓고 회사에 전화를 걸었다. 취재를 빙자한 항의 전화였다.

"18번, 16번, 4번, 1번, 12번 총 5개의 염색체로 비만위험도를 알아봤는데요. 기자님의 경우 비만인들이 주로 갖고 있는 유전자 유형을 가지고 있습니다."

가슴 아프지만 '팩트'였다. 전문가는 내 몸의 설계도 곳곳에 비만인들과 유사한 내용이 쓰여 있다고 설명했다. 이 사실을 알아내기 위해서 유전자 전체를 다 볼 필요도 없었다. 사람과 사람은 유전자의 99.9%가 동일하고 0.1%만 다르다. 설계도 1000페이지 중 999페이지는 동일하고 한 페이지만 다른 사람과 다른 내용이 쓰여 있는 셈이다. 이 페이지의 내용에 따라서 사람마다 다른 외모, 체질, 건강이 결정된다. 이 부분을 단일염기 다형성(SNP, 스닙)[1]이라고 한다. 유전자 분석업체는 바로 이런 SNP를 비교했다.

나의 SNP는 그 내용이 비만인 사람들의 것과 매우 유사했다. 비만과 관련한 특징을 결정짓는 SNP는 200개나 된다. 대표적인 것이 18번 염색체의 MC4R 부위로 뇌의 시상하부에서 배고픔과 포만감을 조절한다. 16번 염색체의 FTO 유전자 역시 최초로 확인된 비만위험 유전자다. 역시 시상하부에서 에너지 섭취를 조절한다. 이것들에서 중복적으로 비만인들과 유사한 특징이 보인다면, 그 사람이 현재 비만이 아니더라도 미래에 비만위험도가 높을 것이라고 예측한다. 내 얘기였다.

그래도 포기할 순 없었다. 이제 막 서른을 넘긴 나이, 연애도 해야 하고 앞으로 놀 길이 창창하니까. 유전자 분석 결과를 토대로 처방된 맞춤형 다이어트 방법에 기대를 걸어보기로 했다.

"어디 보자. 고단백질 식이와 지구력 운동을 하라고 했지."

"어디서 많이 들어본 내용 같은데요. 닭가슴살 먹고 달리기하란 말은 저도 할 수 있겠어요."

후배의 말 속에는 빈정거림과 놀림이 담겨 있었다. 그러게 말이다. 고작 이 답을 얻고자 내가 힘들게 (독자를 팔아) 키트를 구하고, 침을 흘리고 했단 말인가! 이런 밋밋한 결론은 기사에 쓰기도 어렵다. 하지만 후배 앞에서 자존심을 굽힐 순 없는 일, 이런 처방이 나오게 된 과학적인 근거를 나열했다.

일단 나의 유전자는 내가 탄수화물과 지방 대사 능력이 떨어진다는 사실을 알려줬다. 아침부터 삼겹살을 구워 먹고, 밤늦게 라면을 먹어도 붓지 않는다고 좋아했는데 의외의 결과였다. 한국에는 나와 비슷한 사람이 꽤 많다. 탄수화물과 지방 대사 능력이 떨어져 이런 음식을 먹었을 때 몸 밖으로 잘 배출하지 못하고 체내에 축적시키는 체질 말이다. 나의 경우 상대적으로 단백질을 먹었을 때는 이런 경향이 덜하기 때문에 단백질 식단을 추천받았다.

근력 운동 말고 지구력 운동을 하라는 이유도 비슷했다. 6번 염색체 위에 있는 PPARD(피파델타) 유전자가 지구력 운동을 잘하는 운동선수들과 비슷한 유형이었기 때문이다. 아시아인 중에 이런 유전자를 가지고 있는 사람이 5.4%에 불과한데 내가 여기에 속했다. 반면에 근력 운동이 효과가 좋은 사람도 있다. '스프린트 유전자'라고 알려진, 11번 염색체의 ACTN3(액틴3) 유전자가 특별한 사람은 근력 운동을 했을 때 효과가 높다. 아프리카계 운동선수 중에 이런 유전자를 가진 비율이 높다.

그 후 두 달은 내 인생에서 가장 힘든 인내의 시간이었다. 스무살 이후 내 인생엔 인내의 시간이 딱 세 번 있었다. 라식 수술을 하고 2주 동안 술을 참아야 했을 때, 장내 미생물로 기사를 써보겠다고 6주 동안 고기를 끊었을 때, 그리고 이번이었다. 이번 도전은 기간도 가장 길고 가장 힘들었다. 특히 취재원하고 점심 약속이 있는 날에 단백질 위주의 열량이 300kcal밖에 안 되는 도시락을 싸와 먹는 것이 가장 민망했다. 분명 유난 떤다고 생각했을 거다.

일주일에 세 번 이상 40분씩 유산소 운동을 하는 것도 만만치 않았다. 주로 새벽 수영을 다녔는데 전날 과음을 하고는 물속에서 토할 뻔한 적도 있다. 어쨌든 그렇게 두 달 동안 섭취 열량만 총 1만

8000kcal를 줄였고(일반식을 600kcal라고 가정) 평소보다 960분을 더 운동했다. 곰이 여성으로 다시 태어나는 기적을 기대하며…….

그런데 두 달 뒤 진짜로 기적이 일어났다. 몸무게가 단 100g도 줄지 않은 것이다. 허리둘레와 엉덩이둘레가 1인치씩 줄긴 했지만 운동량과 조절한 열량에 비하면 기대에 한참 못 미쳤다. 옆에서 지켜봤던 후배도 황당해했다. 아니 어떻게 된 몸이 이럴까? 나보다 먼저 유전자 다이어트 베타 서비스에 참여했던 사람은 한 달 동안 6kg을 뺐다고 들었는데.

'개가 똥을 끊지. 내 주제에 무슨 다이어트야.'

더 이상 유전자 다이어트는 생각도 하고 싶지 않았다. 하지만 기사를 위해서는 실패 원인을 취재해야만 했다. (나는 프로니까!) 취재 결과 알게 된 것은 유전자 분석의 근본적인 한계, 즉 분석이 확률적이라는 사실이었다. 쉽게 말해 운동선수들이 많이 가지고 있는 유전자를 가지고 있으면 운동을 잘할 확률이 높을 뿐이지, 반드시 운동 능력이 높다고 말할 수 없다. 마찬가지로 단백질 위주로 식사를 하고 지구력 운동을 하는 것이 다른 방법보다 다이어트 효과가 크다. 하지만 반드시 효과가 있다고 장담할 수 없었다.

정확하지 않다고 해서 의미가 없다고 볼 수는 없을 것이다. 과학 기자로서 엄밀하고 정확한 것을 아름답다고 생각하지만, 유전자 다이어트같이 이제 막 움트는 기술 분야에서 완벽함을 바라서는 안 된다는 것을 잘 알고 있다. 그래도 헛고생은 아니었다. 적어도 나한테 가장 효과적인 다이어트가 뭔지는 알았으니까.

"안 그래요? 그나저나 기사 쓰는 게 걱정이네."

두 달 동안 함께 고생한 후배에게 미안함을 담아 말했다.

"실패한 얘기를 솔직하게 쓰면 더 재밌을 것 같은데요? 그래서 제가 생각해봤는데요. 제목은 '막 먹은 영혜 씨'로 하는 게 어때요? 입에 착착 감기지 않아요?"

"후배님 목숨이 여러 개세요? 안 되겠다. 곱창집으로 따라와!"

고기 끊는다고 살이 빠지나요?

"진짜로 안 먹을 거야? 한 점 먹는다고 뭐 달라지겠어?"

한 시간째 파절이로 배를 채우는 모습이 불편했는지 맞은편 동기 녀석이 한마디한다. '나라고 좋아서 이러겠니.' 원망 어린 눈빛을 한번 쏘아주고는 다시 불판으로 눈을 돌렸다. 삼겹살은 아까부터 '지글지글' 잘 익었다는 신호를 보내온다. 대리석 무늬의 지방에선 투명한 기름이 배어 나오고, 껍질은 살짝 투명해진 것이 쫀득해 보인다. 나도 모르게 젓가락을 들었다가 황급히 내려놓았다. 하마터면 장내세균을 바꾸기 위한 지난 한 달간의 노력이 수포로 돌아갈 뻔했다. 휴~(윽, 파절이 입 냄새).

동기 모임에서 민폐녀가 된 사연은 이랬다. 한 달 전 나는 6주 동안 육식을 완전히 끊고 장내세균을 바꾸는 기획 기사에 돌입했다. 장내세균은 누구나 몸속에 대략 39조 마리씩 키우고 있다. 우리 몸을 이루고 있는 세포(약 30조 개)보다 많은 숫자다.

최근 10년 동안 과학계에서는 장내세균이 그야말로 '핫'하다. 장내세균이 건강과 수명을 좌우한다는 연구가 쏟아지면서 '제2의 게놈'이라는 별명도 가지고 있다. 특히 다이어트 중독인 나에게는 장내세균이 사람의 체질, 그중에서도 비만을 결정하는 체질에 중요한 역할을 한다는 사실이 흥미롭게 다가왔다. 장내세균을 바꾸면 물만 먹어도 살이 찌는 저주받은 체질에서 벗어날 수 있다는 뜻이 아닌가.

"여기요……."

"잘하셨어요. 그럼 6주 뒤에 뵙겠습니다."

본격적인 취재를 위해 서울 보라매병원 가정의학과 오범조 교수에게 갓 채취한 대변 시료를 건넸다. 장내세균을 바꾸기 전에 본래의 장내세균 상태를 보는 대조군이었다. 성형 수술을 앞두고 찍는 일종의 '비포before' 사진이랄까. 소화관 곳곳에 서식하는 장내세균을 가장 손쉽게 확인할 수 있는 방법이 대변이라곤 해도 적잖이 민망했다. 시료에는 아직 온기가 남아 있었다. 의사도 참 극한 직업이다.

"정말 철저하게 채식만 하셔야 합니다. 많이 힘드실 거예요."

오 교수가 당부한 것은 딱 한 가지였다. 6주 동안 소고기, 닭고기, 돼지고기 등 육류를 일절 섭취하지 않을 것. 장 속에 채소와 식이섬유를 주식으로 하는 장내세균을 늘리기 위해서다. 이런 장내세균은 먹는 음식이 달라졌다고 당장에 바뀌지 않는다. 짧게는 5일 길게는 한 달 이상 노력해야 한다. 나는 짧은 시간 안에 드라마틱한 변화를 보기 위해 육식을 중단하는 다소 극단적인 길을 택했다.

'의사 양반, 제가 그 정도 절제는 되는 사람입니다.'

신신당부하는 오 교수를 보니 슬슬 오기가 생겼다. 솔직히 그다지 어려울 것 같지는 않았다. 피자, 빵, 라면 같은 탄수화물을 먹지 말라는 것도 아니지 않는가.

하지만 위기는 육식 중단 2일 차에 곧바로 찾아왔다. 평양냉면이었다. 슴슴하고 깊은 맛을 내는 '소고기' 육수에서 메밀면만 건져 먹는데 갑자기 짜증이 밀려왔다. 육수에 녹아 나오는 단백질 양은 얼마나 될까. 아주 미량은 장내세균에 영향을 안 주지 않을까. 여러 핑계를 만들어냈지만 결국 그 이후로 설렁탕, 김치찌개, 만둣국…… 먹지 못하는 음식들이 줄줄이 생겨났다.

부 회식이 있는 날도 고역이었다. 1차로 고깃집에 갔다가 2차로 소시지를 곁들여 맥주를 마시고 3차 선지해장국집에서 쓰린 속을 달래는 일반적인 코스에서 도저히 먹을 수 있는 음식이 없었다. '회식=고기'인 대한민국에서 채식을 실천하는 사람들이 경이롭다는 생각마저 들었다. 그렇게 힘든 45일이 지났다.

"변화가 드라마틱하네요. 식단 조절을 엄청 열심히 하셨나 봐요?"

후후. 역시 노력은 배신하지 않는다. 오 교수는 육류 섭취를 중단하기 전과 후의 장내세균 구성이 완전히 바뀌었다면서 칭찬했다. 미생물군집분석연구소 천랩이 분석한 나의 장내세균 변화는 비전문가인 내가 봐도 변화가 뚜렷했다. 전체 장내세균 중 75.7%를 차지하던 피르미쿠테스 문(門, 일반적인 생물 분류 체계 '종속과목강문계' 중 두 번째로 큰 단계) 세균의 비중이 47.3%로 줄었다. '뚱보균'이라고도 불리는 피르미쿠테스는 에너지를 과잉으로 저장해 비만을 유발하는 원인균으로 알려져 있다. 반면 15.7%에 불과했던 박테로이데테스

문 세균은 47.7%로 늘었다. 피르미쿠테스는 열량을 과잉 섭취하는 사람의 장에서 잘 자라고, 박테로이데테스는 그렇지 않은 날씬한 사람의 장 속에 많다. 이는 쉽게 말해 장내세균 구성이 비만 체질에서 마른 체질로 바뀌었다는 뜻이었다.

게다가 체중도 한 달 반 만에 3kg가량 감소했다! 주변에서는 육식공룡이 채식을 했으니 살이 빠지는 게 당연하다고 했지만 모르는 소리다. 까르보나라, 케이크, 깐쇼새우, 짜장면 등등 세상에 고기 없이 살찌는 음식이 얼마나 많은데. 이번 결과는 하루 2500kcal씩(때로는 그보다 훨씬 더) 꼬박꼬박 챙겨 먹은 후의 결과라서 특히 고무적이었다. 장내세균 구성이 달라져서 체중이 줄어든 것인지, 체중이 감소하면서 부산물로 장내세균 구성이 더 크게 달라진 것인지 인과관계는 정확하지 않다. 그렇지만 상관관계는 분명히 있었다.

"6주 동안 고기를 끊으면 정말 살이 많이 빠지나요?"

독자들의 반응은 뜨거웠다. 기사가 나간 지 하루 만에 수십 통의 문의 메일이 쏟아졌다. 강한 연대의식과 책임감으로 뭔가 멋진 답변을 주고 싶었지만 결국은 '케바케case by case'라는 답변밖에는 할 수 없었다.

사람들은 각자 다른 장내세균 구성을 가지는데, 대략 세 가지 유형으로 나뉜다. 박테로이데스 속 세균이 주를 이루고 있으면 유형1,

프레보텔라 속 미생물이 가장 많고 대장균류가 상대적으로 적으면 유형2, 루미노코쿠스 속 미생물이 가장 많으면 유형3으로 분류한다.

유형1에 속하는 사람들은 평소에 고지방 음식을 즐기는 나와 비슷한 사람들이다. 이런 사람들은 육식을 중단하다시피 크게 줄이면 다이어트 효과를 볼 가능성이 크다. 그러나 유형2에 속하는 사람들은 평소에도 저지방 음식, 식이섬유를 많이 먹는 사람들이다. 육식을 줄인다고 해도 효과가 미미할 수 있다. 게다가 장 유형이 하루아침에 바뀌는 것도 아니다. 5일 정도 고생하면 장내세균에 변화가 나타나기 '시작'한다. 유형이 바뀌는 데는 이보다 훨씬 더 긴 시간이 걸린다.

"살을 빼는 게 중요한 게 아닙니다. 건강을 위해서 장내세균을 관리해야 합니다."

되돌아 생각해보면 참 가식적인 답변이었다. 살 빼는 게 중요하지 않긴 개뿔. 3kg 감량에 누구보다 기뻐했던 나였다. 학생들이 지나치게 고기를 안 먹을까 봐 한 말이지 장내세균은 비만 체질에 큰 영향을 준다.

하지만 건강에는 그보다 더 막대한 영향을 준다. 생각해보자. 면역체계를 유지하는 T면역세포의 80%가 장 속에 있다. 장내세균이 만들어내는 대사물질이 이런 면역세포에 영향을 줄 수 있는 건 당연한 얘기다. 나의 경우에도 6주 동안 육류 섭취를 중단하면서 장

속에 패칼리박테리움 세균이 증가했다. 패칼리박테리움은 항염증 작용을 해 크론병이나 염증성 장 질환과 같은 면역질환을 예방하는 효과가 있다.

장내세균이 수명과 관련이 깊다는 연구 결과도 있다. 실제로 시골 장수촌에 사는 분들의 장내세균은 도시 사람들과 완전히 다르다. 6년 전 식품의약품안전청과 한국야쿠르트 공동연구진이 장수촌에 사는 25명의 장내세균 분포를 분석했다. 연구에서 보면 장수촌 사람들의 장에는 도시인들에 비해 유산균이 3~5배나 더 많다. 오범조 교수는 균형을 재차 강조했다.

"유산균을 비롯한 다양한 장내세균이 균형을 이루고 있는 것이 중요합니다. 채소나 발효 음식을 꾸준히 먹어야 하는 이유도 그런 균형을 유지하기 위해서죠."

"사장님, 여기 소갈비랑 삼겹살이랑 닭갈비 2인분씩 주세요~♡"

그날 밤, 나는 오 교수의 마지막 인터뷰 멘트를 야무지게 실천했다. 식당에 가서 그동안 못 먹었던 소, 돼지, 닭의 고기를 '균형 있게' 시켰다. 불판 한쪽에 발효 음식인 김치도 굽고 양파도 얹었다. 상추쌈에 마늘하고 고추도 챙겨 넣었다. 장내세균 생태계가 급속도로 원상복구되는 기분이 들었지만 기분 탓이었을 것이다.

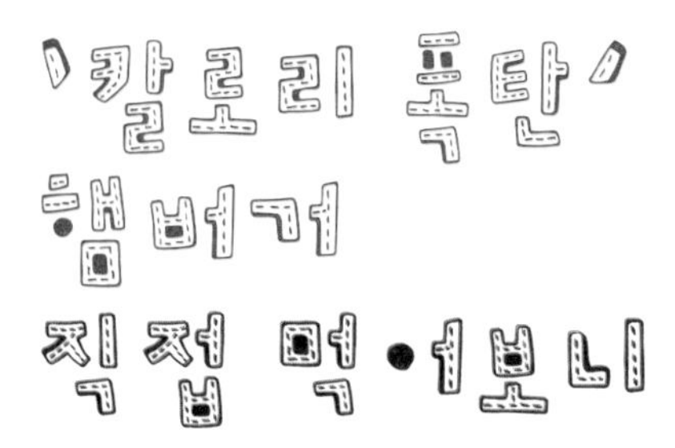

"슛!"

"기름이 뚝뚝 떨어지는 고칼로리 햄버거. 저도 참 좋아하는데요. 제가 한번 먹어보겠습니다."

이른 아침 서울 백병원 옥상. 촬영 신호가 떨어지기 무섭게 포크와 나이프를 전투적으로 집었다. 테이블 위에 놓인 이른바 '폭탄 버거'를 먹어 치우는 미션이었다. 일반 햄버거의 세 배 크기에 빵 대신 설탕으로 코팅한 도넛을 사용한 비주얼이 압권이었다. 도넛 사이에는 해쉬브라운, 달걀 프라이, 육즙이 줄줄 흐르는 쇠고기 패티 두 장, 베이컨, 치즈, 감자, 구운 파인애플이 겹겹이 끼워져 있었다. 열량이 1500kcal는 족히 돼 보였다.

"이 기자, 너무 무리해서 먹진 마. 그러다 탈 난다."

마음 약한 촬영팀 선배는 걱정했다. 하지만 나는 시방 12시간을 굶은 위험한 짐승이었다. 맛있게 먹기 위해 금식한 건 절대로 아니다. 햄버거는 언제 먹어도 맛있으니까. 폭탄 버거를 섭취했을 때 몸에 어떤 변화가 일어나는지 알아보기 위해 어쩔 수 없이 굶었다. 또 먹기 전 '비포' 상태를 측정한다며 아침부터 빨건 피를 두 통이나 뽑았다. 이런 고생 끝에 먹었으니 그 맛이 말해 뭐하겠나. 어느 네티즌의 말처럼 첫입은 마약과 같고, 두 번째 베어 물었을 땐 귓가에 음악이 들리는 듯했다. 7분 만에 접시를 비웠다.

이런 엽기적인 기획을 하게 된 건 당시 '폭탄 칼로리' 음식이 인기를 끌고 있었기 때문이다. '폭탄 버거' '내장파괴 버거' '죽음의 돈가스'같이 섬뜩한 이름을 가진 음식들이 유행했는데, 건강에는 어떤 영향을 줄지 궁금했다. 개인적으로는 이런 음식들이 다이어트에는 마이너스여도 스트레스를 해소하고 기분을 좋아지게 만들기 때문에 건강엔 플러스가 될 것이라 믿었다. 그런데,

"혈액 속에 중성지방 농도가 60% 증가했습니다."

"네? 감자튀김은 좀 남겼는데도요?"

햄버거를 먹기 전과 후의 혈액 분석 결과를 보는 서울 백병원 가

뉴스
전 그저—
취재에 집중하고 있을 뿐입니다.
널 다
먹어버릴 테다!!
난 시방
12시간을 굶은
위험한 짐승이다.
설탕
뉴스
며칠 굶은 거 같네

정의학과 강재헌 교수의 표정이 심각했다. 평소에도 햄버거를 자주 먹는 편이어서 하루 정도 좀 더 큰 걸 먹는다고 결과가 달라질까 생각했는데 오산이었다.

중성지방은 보통 음식물에 들어 있는 당과 지방산을 재료로 간에서 합성된다. 합성된 양을 보면 그 사람이 열량을 얼마나 섭취했는지 바로 알 수 있다. 그런데 나의 경우 혈중 중성지방 농도가 dl(데시리터, 10분의 1리터)당 43mg에서 68mg으로 급격히 증가했다(감자튀김을 다 먹었다면 더 높아졌을지도!). 150mg/dL 미만이라 아직 '정상'이지만, 그 이상으로 계속 높게 유지되면 중성지방혈증 같은 이상지질혈증이 발생할 수 있다.

그뿐만이 아니다. 일명 '나쁜 콜레스테롤'이라고 불리는 유해한 콜레스테롤인 LDL 콜레스테롤 수치도 88에서 94로 뛰었다. LDL 콜레스테롤은 간에서 생성된 콜레스테롤을 각 세포로 운반하는 역할을 하는데, 이것이 혈관벽에 쌓이면 동맥경화가 일어난다. 쉽게 말해 햄버거의 기름기가 혈액에 섞여 고혈압과 고지혈증을 유발할 가능성을 높인 것이다.

"기름기 줄줄 흐르는 햄버거를 먹었으니 수치가 나빠지는 건 당연한 것 아냐?"

"사실 더 큰 문제는 중독성입니다."

부장의 지적은 날카로웠다. 음식을 먹었을 때 일시적으로 혈중 중성지방이 높아지거나 혈당이 올라간다는 사실만으로는 기사가 될 수 없다는 지적이었다. 이럴 때 대답을 빨리 못 하면 엄청나게 깨질 수 있다. 이날은 준비한 대답이 있었다. 바로 중독성이다.

고칼로리 음식이 위험한 이유는 단순히 지방 함유량이 높아서가 아니다. 지방 성분이 적고 당 함량이 높은 음식도 위험하긴 마찬가지다. 한때 스타벅스에서 초코칩에 시럽, 크림까지 첨가해 열량이 900kcal 가까이 되는 음료가 유행한 적이 있었는데 폭탄 버거보다 건강에 덜 해롭다고 할 수 없다.

이유는 음식을 즐거움으로 인식하는 뇌의 '쾌감회로'를 강하게 발달시키기 때문이다. 음식을 먹으면 우리 뇌는 복측피개영역(VTA)[2]에서 도파민을 분비한다. 도파민이 전전두피질, 측좌핵, 편도체, 해마 등 뇌 전체로 전달되면서 뇌가 행복감을 느낀다. 그런데 평소 고칼로리 음식을 먹고 강한 행복감을 여러 번 경험한 뇌는 웬만한 자극에 행복감을 느끼지 못한다. 과거보다 더 큰 자극을 원하게 된다. 이를 충족시키기 위해 점점 더 많이 먹는 '내성'이 생기거나 음식을 먹지 않으면 불안하고 초조한 금단증상이 나타날 수 있다. 이 과정은 약물이나 알코올에 중독되는 과정과 매우 유사하다. 실제로 음식에 탐닉하는 사람의 뇌를 기능성자기공명영상(fMRI) 장치로 촬영해보면 약물이나 알코올에 중독된 사람의 뇌와 매우 유사한 활성을 띤다.

“역시 이영혜 기자.”

“잘 먹더라.”

“다음엔 같이 먹어요.”

무시무시한 경고성 기사가 나가고, 다음 날 사내외에서는 기사 잘 봤다는 칭찬 메시지가 쏟아졌다. 리포트의 시청률도 다른 것들의 두 배를 기록했다. 건방지게 들릴 수도 있겠지만 어느 정도 예상한 결과였다. ‘시청률=열량’이라는 간단한 공식 때문이다.

이 말은 다큐멘터리 〈누들로드〉를 연출하고 최근까지 티브이 프로그램 〈요리인류〉를 만들어온 한국의 유일한 ‘셰프 PD’ 이욱정 PD에게서 들은 말이다. 그는 “‘쿡방’을 자꾸 보게 만드는 공식은 기름지거나 달콤한, 열량이 높은 요리를 보여주는 것”이라고 말했다. 팬 위에서 지글지글 소고기를 굽거나, 케이크에 진한 초콜릿 소스를 들이붓는 장면을 그냥 지나칠 사람이 얼마나 되겠느냐고 말이다. 20cm 넘게 탑처럼 쌓여 있는 폭탄 버거도 분명 시청자들의 눈길을 사로잡았을 것이다.

열량이 높은 음식을 선호하는 것은 본능이다. 실제로 학계에는 인간이 수렵 채취 시대부터 몸속에 에너지를 더 많이 저장하기 위해서 에너지원이 되는 기름진 맛(지방)과 달콤한 맛(탄수화물)에 쾌락을 느끼도록 진화했다는 학설이 있다. 심지어 맛을 느끼지 못하는 초파리도 영양결핍 상태에서는 본능적으로 칼로리가 높은 음식을 선호한다.

"하지만 음식이 줄 수 있는 효과에는 한계가 있대. 고칼로리 음식을 감정의 도피처로 삼아선 안 된다는 말을 기사에 넣을 걸 그랬어."

"그래? 난 먹으니까 진짜로 좀 스트레스가 풀리는 것 같은데?"

퇴근길, 동네 친구와 만나 고칼로리 음식의 스트레스 해소 효과에 관해 토론했다. 치킨집에서 닭다리를 뜯으며 하기엔 지나치게 고차원적인 대화였다. 친구의 말도 일리는 있었다. 나도 먹는 순간 스트레스가 풀리는 기분을 느꼈기 때문이다. 그렇다면 이것이 과연 고열량 치킨 때문일까, 친구와의 대화 때문일까, 네 잔째 마시고 있는 맥주 때문일까. 셋 다일까.

사실 음식의 스트레스 해소 효과에 대해서는 과학자들 사이에서도 의견이 분분하다. 흔히 초콜릿을 먹으면 당이 세로토닌 분비를 증가시켜 기분을 좋게 만든다고 알려져 있지만, 꼭 그렇지는 않다. 혈당이 급상승하면 인슐린과 스트레스 호르몬이 과하게 분비된다. 또 교감신경이 활성화돼 오히려 긴장감을 느낄 수 있다.

"그래서 먹으라는 거야, 말라는 거야."

슬슬 짜증을 내는 친구에게 나는 뇌에서 스트레스를 해소하는 신경전달물질을 만들어내는 원료는 사실 단백질과 비타민이라는 사실을 알려줬다. 초콜릿보다는 질 좋은 고기나 해산물, 과일 같은 음식이 스트레스 해소에 도움이 된다는 뜻이다. 한참 진지하게 듣던 친구는 치킨을 단백질이라고 우기기 시작했다. 나는 조용히 손을 들어 해산물이 들어간 골뱅이 무침을 추가로 시켰다.

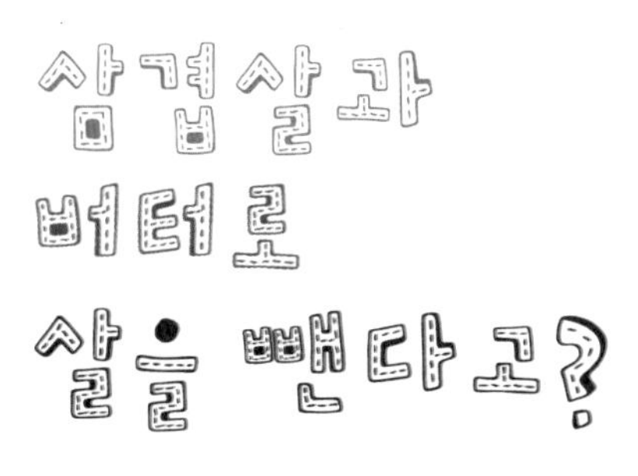

그날따라 저녁 반찬이 이상했다. 버터에 볶은 삼겹살과 팽이버섯, 후식으로는 호두와 땅콩이 나왔다. 밥도 없고 상추도 없는, 보기만 해도 김치가 생각나는 메뉴들이었다.

"뭐지? 이 동맥경화에 좋은 식단은?"

"고지방 저탄수화물 다이어트 몰라? 어제부터 시작했거든."

"나 원 참."

철없는 동생의 말에 한숨이 나왔다. 고지방 저탄수화물 다이어트LCHF, Low Carbohydrate High Fat, 나도 안다. 섭취 열량의 70%를 지방으로 채움으로써 탄수화물 섭취를 줄이고 혈당 상승을 억제할 수 있

고지방 저탄수화물 다이어트
BUTTER
느끼
느끼
우웩.
토할 것 같지만,
왠지 끌려.

다는 논리의 다이어트다. 단기간에 체중 감량 효과가 높다고 소문이 나면서 마트에 버터가 동났다는 티브이 뉴스는 봤지만, 이 정도일 줄이야.

"은근 고소해. 누나도 한번 마셔볼래?"

동생은 버터로 삼겹살을 구운 뒤 남은 '국물'을 컵에 담아 건넸다. 니글니글한 맛이 상상돼 보기만 해도 헛구역질이 났다.

"미쳤냐? 딱 봐도 엄청나게 살찔 것 같은데?"

"안 쪄. 살찌는 건 전부 다 탄수화물 때문이지."

고지방 저탄수화물 다이어트 옹호자들의 대표 멘트였다. 탄수화물을 섭취하면 혈당이 높아지고, 인슐린 호르몬이 나와 당을 지방으로 전환시킨다는 것. 이때 인슐린이 지방은 거들떠보지 않기 때문에 지방만 먹으면 살이 찌지 않는다고 말이다. 이런 생각은 미국에서 건너왔다. 20세기 중반 미국에 건강 열풍이 불면서 국민들의 지방 섭취가 급격히 줄었는데, 비만율은 오히려 높아졌다는 데 의문을 품었다. 그 결과 가공식품에 들어 있는 탄수화물과 설탕이 원인으로 지목됐다.

"그래. 탄수화물을 적게 먹어야 체중을 조절할 수 있다는 것은 인정. 그런데 지방은 열량이 1g당 9kcal나 되기 때문에 4kcal인 탄수화물, 단백질보다 열량이 훨씬 높……."

동생은 내 말을 다 듣지도 않고 탄수화물을 먹지 않으면 몸이 대체 에너지원으로 지방을 찾아 쓴다고 되받아쳤다. 새로 섭취한 지방이 쌓이지 않을뿐더러 몸속에 있는 체지방이 빠지면서 몸무게가 줄어든다고 말이다. 이런 주장은 '케톤 생성 식이요법[3]'에 근거를 두고 있다. 케톤 생성 식이요법은 소아 간질 환자의 발작 증상을 줄이는 치료식으로 개발됐는데, 과거부터 체중 감량에도 효과가 있을 것으로 여겨졌다.

이런 생각을 대중화시킨 것은 '앳킨스 다이어트'였다. 앳킨스 다이어트는 밥이나 국수, 빵 같은 탄수화물을 전혀 먹지 않고 단백질과 지방은 마음껏 먹는 다이어트로, 고기를 마음껏 먹을 수 있다고 해서 '황제 다이어트'라고 불렸다.

"하지만 저탄수화물 다이어트가 다른 다이어트보다 더 효과적이라고 말할 수는 없어."

나는 과학 기자답게 통계로 맞섰다. 실제로 여러 연구자들이 6개월 이상 장기간에 걸친 저탄수화물 다이어트와 저지방 다이어트의 효과를 비교했다. 그 결과 차이가 없거나 저지방 다이어트가 체중 감량 효과가 더 좋다는 연구 결과가 많았다.

"탄수화물을 적게 먹으면 지방을 아무리 먹어도 살이 찌지 않는다는 기본 전제가 틀렸단 말이지."

"무슨 소리야, 인슐린이 작용을 안 하는데."

무슨 소리긴. 결국 먹은 지방은 다 체지방으로 간다는 소리다. 눈동자가 흔들리는 동생에게 김성우 미국 노스캐롤라이나주립대학교 영양 및 소화생리학 전공 교수에게 들은 복잡한 이야기를 들려줬다. 음식을 통해 섭취한 지방은 장에서 지방산과 모노글리세라이드 같은 작은 영양소로 쪼개진다. 이것들은 다시 장세포 속으로 들어가 중성지방으로 합성된다.

합성된 중성지방은 혈관을 타고 궁극적으로 간으로 이동한다. 이 과정에서 혈관벽에서 기다리고 있는 지단백질지방분해효소(LPL)에 의해 다시 지방산으로 분해되고, 지방세포에 흡수된다. 복잡하게 설명했지만 이런 과정을 통해 섭취한 지방은 결국 체지방으로 저장된다.

30분을 넘게 말했는데도 동생은 포기하지 않았다. 접시 위의 삼겹살 기름이 하얗게 고체로 변하고도 남는 시간이었다. 기름진 음식을 양껏 먹고 싶은 만큼 먹으면서 살을 뺄 수 있다는 말이 이렇게나 중독적이란 말인가. 하는 수 없이 필살기를 꺼냈다.

"어차피, 금방 요요 온다?"

"……진짜?"

진짜다. 고지방 식품을 5일만 먹어도 '살찌는 체질'로 변한다는 연구 결과가 있다. 허버 매트 미국 버지니아공대 농업 및 생명과학과 교수팀은 신체질량지수(BMI)가 정상인 대학생들을 두 그룹으로 나눠 5일 동안 실험을 진행했다. 한 그룹은 소시지, 마카로니, 치즈 같은 고지방 식품이 55%인 식단을 주고, 다른 한 그룹에는 고지방 식품이 30%인 식단을 제공했다. 이때 두 그룹이 섭취한 열량은 같게 했다.

5일 뒤 참가자들의 근육 변화를 조사한 결과, 고지방 식사를 한 그룹은 체내 독소의 농도가 2.5배 증가했다. 체내 독소가 높은 사람은 혈당을 분해하는 능력이 떨어진다. 따라서 고칼로리 식사를 계속하면 혈당이 급격히 높아진다. 반면 상대적으로 고지방 식사를 덜 먹은 그룹은 체내 독소 농도에 변화가 없었다. 연구 결과는 2015년 4월 14일 자 학술지 《비만》에 실렸다.

개인적으로는 요요보다 부작용 때문에 말리고 싶다. 고지방 저탄수화물 식이를 오랫동안 지속하면 우리 몸은 지방으로라도 에너지를 내려고 지방을 대체 에너지원인 케톤체로 분해한다. 지방을 분해할 때 나오는 케톤체는 일부가 비교적 강한 산성을 띤다. 이런 케톤체가 체내에 지나치게 많아지면 몸에서 아세톤 냄새가 나거나 탈수와 발진 증상 등이 나타날 수 있다. 심한 경우 케톤증을 유발해 신장의 기능을 떨어뜨린다.

게다가 다이어트는 대사증후군을 앓는 사람들이 주로 시도하는데, 고지혈증·고혈압 환자들에게는 고지방 저탄수화물 다이어트가 매우 위험하다. 동맥경화를 유발하는 나쁜 콜레스테롤(LDL 콜레스테롤)과 혈전이 증가해 심근경색과 뇌졸중 발생 위험이 높아지기 때문이다.

일부 연구에선 국민건강영양조사 통계를 근거로 고탄수화물 식사가 고지방 식사보다 대사증후군에 더 해롭다고 말하는데, 이런 통계는 탄수화물, 지방을 평균보다 조금씩 더 먹은 사람들끼리 비교한 것이지, 하루 식사의 70%를 지방으로 먹는 사람들 얘기가 아니다. 집에서 하는 다이어트는 병원에서 시행한 임상 연구보다 훨씬 극단적으로 이뤄지는 경향이 있다.

"버터 대신 마가린을 먹어도 부작용이 심할까?"

"버터냐 마가린이냐의 문제가 아니래도!"

흔히 포화지방은 건강에 나쁘고 불포화지방은 건강에 좋다는 생각을 갖고 있는데 통념일 뿐이다. 포화지방이 유해한 이유는 녹는 온도가 높아서 반고체 형태로 혈관에 쌓이기 때문이다. 실제로 쌓인 포화지방은 각종 대사증후군을 유발할 수 있다.

하지만 불포화지방도 안심할 수는 없다. 잘못 보관하면 공기 중에서 쉽게 산폐되고, 산폐된 불포화지방은 포화지방과 유사하게 혈관을 막는다. 불포화지방 구성물질의 대표 격인 오메가6는 또 어떤가. 지나치게 많이 먹으면 몸속에서 염증반응을 유발하는 전구물질을 만들어낸다.

"나라면 골고루 조금씩 먹는 다이어트를 할 거야. 탄수화물이 없으면 불행해진다고."

나는 탄수화물 예찬론을 펼쳤다. 세상에 단맛 같은 맛은 또 없다. 일례로 너무 시거나 쓴맛, 짠맛이 강한 음식은 아무리 애를 써도 많이 먹을 수 없다. '까나리 액젓' '레몬' 등이 벌칙으로 자주 쓰이는 이유다. 하지만 단맛은 강해도 참고 먹을 수 있다. 이유는 간단하다. 우리 뇌와 근육이 에너지를 내기 위해서는 탄수화물의 조각들(포도당, 과당)이 필요하기 때문이다. 이것들을 최대한 많이 저장하기 위해 초기 인류는 '단맛=맛있는 것'으로 느끼도록 진화했다.

그날 밤 나는 동생을 꼬드겨 세상에서 가장 맛있는 탄수화물을 먹었다. '흐르는 빵', 일명 맥주였다.

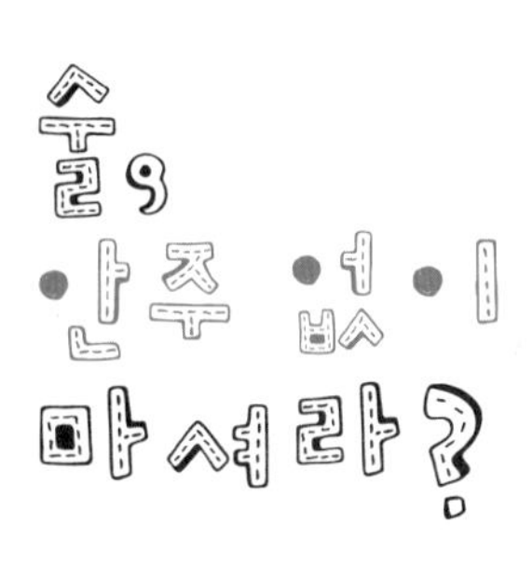

"그런데 누나, 다이어트 한다는 사람이 술은 마셔도 되는 거야? 소주 반병 열량이 밥 한 공기랑 비슷하다던데."

"그래? 방금 소리 들었니?"

"무슨 소리?"

"술맛 떨어지는 소리."

"……."

"네가 몰라서 그렇지, 술'만' 마시면 살 안 쪄. 술 열량은 몸에 저장이 안 되거든."

"에이 설마, 술만 저장이 안 된다는 게 말이 돼?"

"알코올중독 환자들 못 봤어? 대사량이 얼마나 높으면 그렇게 말랐겠어."

흔한 이공계 남매의 대화는 맥주의 김이 다 빠질 때까지 이어졌다. 결국은 내가 구글에서 '알코올이 비만을 줄이는 데 도움이 될 수 있다'는 논문을 찾는 것으로 논쟁이 마무리됐다. 준비된 과학 기자의 승리였다. 하지만 영 마음이 찝찝했다. 다음 날 아침, 급히 영양학 책을 뒤졌다.

'띠로리, 알코올이 체지방으로 저장된다고?'

술만 마시면 살이 안 찔 것이라고 생각한 데는 나름의 근거가 있었다. 술을 마시면 몸에서 열을 발생시키지 않는가. 또 알코올을 분해하는 데도 에너지가 만만치 않게 들 것 같았다. 그러나 실제로는 대세에 큰 영향을 주지 않는 미미한 수준이라고.

마신 알코올은 약 10%만 배설되고 나머지는 몸에 저장된다. 그리고 몸속에 남은 90%는 우리 몸의 TCA 회로[4]에 들어가 물과 이산화탄소, 그리고 에너지원인 ATP를 만들어낼 수 있다. '흐르는 빵'인 맥주가 진짜 빵처럼 에너지를 만들어낼 수 있다는 뜻이다. 당장 동생에게 전화를 걸었다.

"거 봐, 내가 뭐랬어. 술만 먹어도 살찔 거라고 했지? 스스로 거울을 보면 모르겠어?"

"(참을 인 자를 새기며) 물론 반전은 있었어. 알코올에서 만들어진 아세틸코에이는 시트르산회로로 잘 가지 않거든."

"오, 그럼 아세틸코에이가 몸 밖으로 배설되는 거야? 그럼 누나도 살이 안 쪘어야 하는 거 아냐?"

"이게 진짜."

동생의 말처럼 인생이 호락호락하다면 얼마나 좋겠나. 알코올에서 분해된 아세틸코에이는 대부분 지방으로 변해 간에 축적된다. 그러고는 혈액 속에 알코올이 다 사라지면(술이 깨면) 다시 지방산으로 환원돼 혈액으로 나온다. 이런 혈액 속 지방산을 운동으로 모두 소비하지 못하면 결국 체지방이 된다. 정리하면, 알코올은 정식 지방 대사 과정을 거치지는 않지만 결과적으로는 지방산이 되어 체내에 쌓인다.

또 새롭게 알게 된 한 가지. 술을 마시면 안주가 당기기 때문에 다이어트에 특히 취약이다. 이는 쥐 실험을 통해서도 증명됐다. 영국 프란시스크릭연구소 연구팀은 쥐에게 3일 동안 알코올을 투여한 결과, 알코올을 섭취하면 평소보다 10~20% 먹이를 더 먹는다는 사실을 밝혀냈다.

재밌는 건 술을 마신 쥐의 뇌를 보면 실제로 허기를 느낄 때의 뇌와 유사하다는 점이다. 식욕이 증가할 때 활동하는 'AgRP' 뉴런이 활성화돼 있다. 쥐에게 투여한 알코올이 사람으로 치면 와인 한 병 반에 해당하는 많은 양이지만(많은가? 어쨌든), 술자리에서 식어

빠진 안주를 뒤늦게 '처묵처묵' 하는 이유, 그러고도 집에 와 라면을 또 끓여 먹는 이유는 정말 배가 고파서였다!

"정말? 탄수화물로 해장하고 싶어서가 아니고?"

"얘는, 해장은 해장술로 해야지 무슨 라면이야. 해장술이 숙취 해소에 아주 긍정적인 효과를 내는 거 몰라?"

"진짜 극혐."

동생은 나의 말을 알코올중독자의 핑계쯤으로 치부했다. 그러나 경험에서만 나온 말은 아니다. 술에는 에탄올뿐만 아니라 미량의 메탄올이 들어 있다. 알코올 발효 과정에서 효모가 메탄올도 아주 소량 만들어내기 때문이다. 메탄올은 체내에서 포름알데히드, 포름산으로 차례차례 대사되는데 이것들이 숙취를 유발한다.

그런데 우리 몸의 효소는 알코올을 대사할 때 에탄올을 먼저 분해하고 메탄올을 나중에 대사시킨다. 따라서 메탄올이 분해되기 전에 에탄올을 또 마시면 효소가 에탄올을 분해하는 데 바빠 메탄올 대사가 억제될 수 있다. 덕분에 혈중 메탄올이 숙취 물질을 만들기 전에 날숨이나 소변을 통해 빠져나갈 수 있다.

"어때? 꽤 과학적인 전략이지?"

"어쨌든 다이어트에는 도움이 안 될 것 같아."

술맛 떨어지게 하는 데는 정말 타고난 능력을 갖춘 동생이다. 이런 동생이 없는 분들을 위해 한마디 덧붙인다. 지나친 음주는 심각한 간 질환의 원인이고, 과다한 음주 후 해장술은 간을 더욱 손상시킬 수 있습니다.

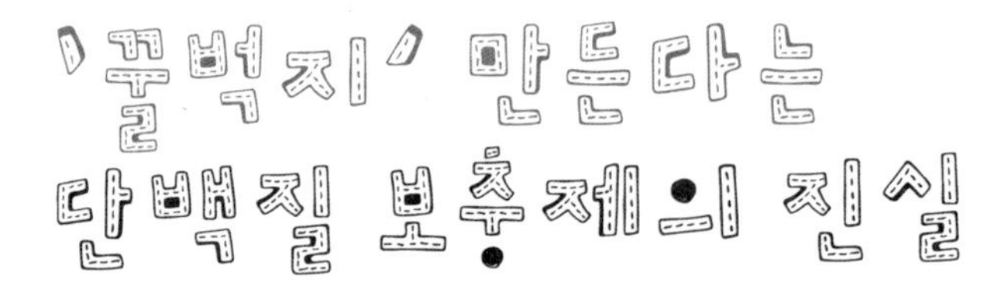

"세상에 저 선수는 어쩜 저렇게 매력적일까."

2014년 소치 동계올림픽에서 올림픽 신기록을 세운 이상화 선수는 같은 여자가 봐도 참 멋있었다. 특히 본인이 '꿀벅지'라고 소개한 탄탄한 허벅지는 그의 건강미를 더욱 돋보이게 했다. 사람이 남과 비교하며 살면 불행해진다고 했지만, 내 허벅지를 내려다보지 않을 수가 없었다. 물컹물컹하게 처진 두부살이 청바지를 꽉 채우고 있었다.

이대로 망할 수는 없다. 거금을 들여 헬스장부터 끊었다(다이어트 망하는 사람들의 대표적인 행동 습성이다). 그리고 처음 하루 이틀 정도는 열심히 뛰었다. 그런데 사흘째 슬럼프가 찾아왔다. 허벅지는 변할 기미가 없고 무릎만 아팠다. 운동도 '전략'이 필요해…… 고민하던 차 '그것'이 눈에 들어왔다.

"단백질 보충제를 드시겠다고요? 워, 워."

구릿빛 피부에 성난 등 근육을 가진 트레이너는 좋은 단백질 보충제를 추천해달라는 나를 뜯어말렸다. 체지방을 빼는 게 목적이라면 굳이 단백질 보충제를 먹지 않아도 된다는 게 그의 설명. 그러나 우월한 레깅스 핏을 자랑하는 여성 회원들이 그날따라 죄다 텀블러에 단백질 보충제 쉐이크를 담아 마시고 있었다. 결국 참지 못하고 질렀다.

과학 기자로서 콩이나 육류, 달걀, 우유 같은 음식에도 단백질이 많다는 사실을 모르진 않았다. 특히나 단백질 보충제의 후덜덜한 가격을 보고 많이 망설였다. 그러나 단백질과 BCAA(류신·아이소류신·발린 등 아미노산)만 따로 분리한 보충제를 밥 대신 먹으면 빠른 시간 안에 체중은 줄이고 근육은 키울 수 있다는 광고에 혹했다. 나 같은 사람이 적지는 않다. 2015년 한 해에만 단백질 보충제가 270억 원어치 팔렸다고 하는 걸 보니.

"오, 맛있다! 초콜릿 우유 맛이 나는데?"

며칠을 눈 빠지게 기다린 보충제의 맛은 내가 가장 사랑하는 초콜릿 맛이었다. 지켜보던 동생은 불길해했다. 내 표정이 고구마 다이어트 때와 비슷하다나 뭐라나. 1년 전쯤인가, 고구마 다이어트를 잠깐 했었는데 그해 유난히 작황이 좋았다. 달달한 호박고구마에 꽂혀 구워 먹고 쪄 먹고 일주일에 5kg 한 박스를 해치웠다.

"고구마는 탄수화물이고, 이건 단백질이니까. 이번엔 꿀벅지를 만드는 게 목표라고."

스스로한테 하는 변명이었다. 탄수화물과 지방이 신체 활동의 에너지원으로 주로 쓰이는 데 비해 단백질은 세포, 호르몬, 근육, 간, 심장 같은 우리 몸의 모든 세포와 조직, 기관을 구성하는 재료로 쓰이니까 말이다.

단백질 보충제의 근육 형성 효과는 논문으로도 입증됐다. 부경대 연구팀은 20대 남성 10명을 대상으로 보충제를 섭취하는 그룹과 섭취하지 않는 그룹을 나눠 8주간 근력 운동을 시켰다. 그 결과 류신, 아이소류신, 발린 세 종류의 아미노산을 섭취하면서 근력 운동을 한 그룹은 벤치 프레스에서 이전보다 11.8kg이나 더 들 수 있었다. 반면 먹지 않고 운동한 그룹은 겨우 4.2kg 더 들었다. 나에게도 이런 드라마틱한 결과가 있길 기도하며 하루에 세 번 꾸준히 단백질 보충제를 먹었다.

"이상하네? 허벅지가 그대로인데?"

일주일 뒤 허벅지는 여전히 처진 두부 같았다. 근육량, 체지방량

운동하기 싫어
하지만
꿀벅지는 되고 싶지
ㅋㅋ
단백질 보충제야
나를 대신해서
달려라
단백질
보충제
차라리
두부를 드시죠.
전문가

같은 수치도 요지부동이었다. 계획보다 간식을 좀 더 먹긴 했지만 변화가 아예 없다는 건 납득하기 어려웠다. 이주형 국민대 스포츠건강재활학과 교수에게 인터뷰를 빙자한 상담을 요청했다.

"결국은 운동이죠."

김 교수는 한마디로 정리했다. 맥이 빠졌다. 누가 그걸 모를까. 운동하기 싫어서 보충제 먹는 건데. 속마음을 알 리 없는 이 교수는 근육의 생성 원리를 기초부터 다시 설명했다.

골격근은 길쭉한 원통형 근육세포 여러 개가 묶여 있는 다발이다. 근육세포는 다시 가느다란 실 같은 근섬유 여러 개로 구성돼 있다. 운동은 이런 근육에 상처를 낸다. 이를 회복하기 위해 우리 몸은 휴식 기간 동안 근섬유 표면에 붙어 있는 근육 줄기세포(위성세포)를 분열해 근섬유의 수를 늘린다. 이때 혈중 단백질 성분(아미노산)이 근육을 만드는 중요한 재료가 된다. 단백질을 섭취하면서 운동과 휴식을 반복하면 근육세포의 손상과 회복이 되풀이되면서 근섬유가 점점 굵어진다. 단백질과 운동 두 가지 조건이 모두 만족돼야 근육이 형성되는 셈이다.

"그래도 특별히 양질의 아미노산을 챙겨 먹었는데……."

이 교수는 필수 아미노산을 고르게 섭취하기 힘든 채식주의자가 아니라면 달걀이나 두부같이 저렴하고 구하기 쉬운 음식으로도 단백질 보충제와 똑같은 효과를 낼 수 있다고 말했다. 게다가 온종일

격렬한 운동을 하는 운동선수들은 섭취한 단백질을 근육으로 보내지만 그렇지 않은 사람은 결국 에너지원으로 쓰거나 체지방으로 축적한다고. 또 한번 맥이 빠졌다.

그래도 이쯤에서 알게 된 걸 다행으로 생각해야 할까. 과잉으로 섭취한 단백질은 체내 질소 노폐물의 양을 늘려 신장에 부담을 줄 수도 있다고 한다. 탄수화물이나 지방이 분해될 때 나오는 포도당이나 물, 이산화탄소는 인체에 무해하다. 하지만 단백질에서 분해된 질소 노폐물은 혈액에 녹아 암모니아 형태로 바뀐다. 암모니아는 독성이 강하기 때문에 간에서 요소로 전환해 신장에 보낸다. 신장은 혈액에서 요소를 걸러 소변으로 배출한다. 신장이 건강한 사람은 요소의 양이 갑자기 많아져도 큰 문제가 생기지 않지만, 선천적으로 신장이 약하거나 요소의 양이 지속적으로 많으면 무리가 될 수 있다.

"큰일 날 뻔했어. 꿀벅지 돼야 하는데(꿀꺽꿀꺽)."

"그러다 그냥 꿀돼지가 되겠는데?"

동생은 고구마를 먹으며 단백질 보충제를 음료처럼 곁들이는 모습을 심각하게 바라봤다. 그런 동생에게 단백질뿐 아니라 탄수화물, 지방도 근육을 키울 때 꼭 필요한 영양소라는 취재 결과를 설명해줬다. 보통 근육을 키우려는 사람들이 단백질 섭취는 늘리고, 탄수화물과 지방 섭취는 줄이는데, 우리 몸은 탄수화물이 부족하면 결국 단백질을 에너지원으로 쓴다. 심지어 근육에 있던 단백질까지 당겨서 쓰기 때문에 근육이 감소할 수도 있다. 지방은 근육 생성을 자극하는 테스토스테론 같은 성호르몬을 합성하는 역할을 하기 때문에 역시 중요하다.

"알겠지? 남들이 말하는 지름길이 나에게도 지름길은 아니라는 걸(꿀꺽꿀꺽)."

"알겠으니까 작작 먹어."

그로부터 4년 뒤, 이상화 선수는 여전히 멋진 꿀벅지로 평창에서 활약했고, 나는 또 한번 헬스장을 끊었다.

인내하는
영혜 씨

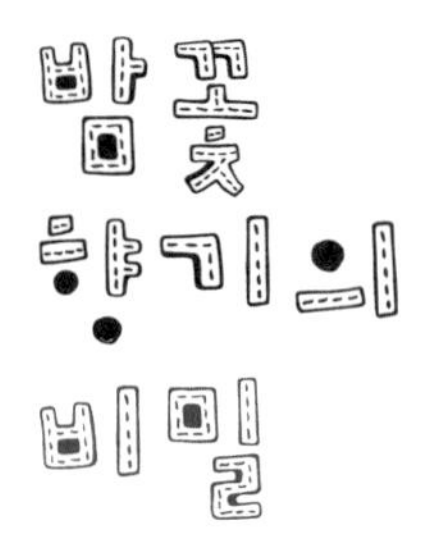

"밤꽃 향기, 직접 맡아보니 어떠세요?"

"여자 친구랑 같이 왔는데…… 좀 민망하네요. 허허." (20대 남성)

"어머니, 밤꽃 향기 좋아하세요?"

"하하하. 과부가 오면 좋아하겠어." (50대 여성)

20분 만에 겨우 잡은 인터뷰이들은 방송 불가 멘트를 마구 쏟아냈다. 하는 사람도 당하는 사람도 민망한 인터뷰. 어느 초여름 나는 밤꽃 향기를 취재하기 위해 충남 공주에서 열린 '정안밤꽃축제' 현장을 찾았다. 하얀 밤꽃이 온 산 흐드러지게 핀 현장은 밤꽃 향기로 코를 찔렀다.

"이 기자, 저 나무가 좋을 것 같은데?"

"네, 전 준비됐습니다."

카메라팀 선배와 나는 더 이상의 인터뷰는 포기하고, 기자가 직접 출연하는 스탠드업을 촬영하기로 했다. 기사의 현장감을 확 높이는 생생한 연출이 필요했다. 밤꽃이 특히 풍성한 밤나무 앞에 자리를 잡았다. 그러고는 머릿속에서 정리한 멘트를 프로페셔널하게 내뱉었다.

"밤꽃 성분에는 실제로 남성의 정액 성분인 스퍼미딘 성분이 들어 있습니다."

"푸하하하."

카메라팀 선배가 '빵 터진' 이유는 방송이 나간 뒤에 알게 됐다. 멘트를 하기 전 밤꽃 가지를 손에 잡고 냄새를 맡는 장면에서 내가 눈을 지그시 감았다는 사실을. 정액이 어쩌고저쩌고하면서 내가 입가에 엷은 미소를 띠었다는 사실을 말이다. 다음 날 썸남에게서 연락이 왔다. 기사 잘 봤다고.

밤꽃 향기를 얘기할 때 사람들이 이상한 시선을 보내는 것도 이해는 한다. 무려 조선시대 때부터 밤꽃은 '그 냄새'로 통했으니까. 밤꽃이 필 무렵이면 부녀자들이 외출을 삼가고 과부들이 잠을 이루지 못했다는 이야기가 시가를 통해 전해올 정도다. 밤꽃의 겉모습

귀한 거유~
드셔봐유~
오우~
냄새는 이상해도
몸이 건강해지는 느
뉴스
남자에게 좋다고?
어디~ 꿀꺽~
불끈
어헛
으~
저 꿀은 싫어~

이 언뜻 남자의 정자와 닮았다는 해석도 있다. 밤꽃은 수꽃이 아래로 길게 처져 있는데 거기에 수많은 흰 수술이 뻗쳐 있고 수술 끝에는 노란 방울을 달고 있다.

하지만 개인적으로 가장 흥미로웠던 부분은 밤꽃 향기 성분이 실제 남성의 정액 성분과 동일하다는 사실이었다. 밤꽃 냄새 성분인 '스퍼미딘spermidine'과 '스퍼민spermine'이라는 분자는 동물의 정액에서 처음 발견됐다. 이름도 정자를 뜻하는 단어 '스펌sperm'에서 따왔다. 물론 정액이 냄새가 좀 더 강하긴 하다. 스퍼미딘과 스퍼민 외에도 푸트레신, 카다베린이라는 두 가지 성분을 더 가지고 있기 때문이다.

그렇다면 정액은 왜 이런 고약한 냄새 성분을 가지고 있을까. 가장 큰 이유는 정자를 살리기 위해서다. 여성의 질 내부는 산성이라 정자가 아무런 보호 장치 없이 들어갔다간 얼마 못 가 죽고 만다. 그런데 스퍼미딘, 스퍼민, 푸트레신, 카다베린 등 네 가지 분자는 수용액에서 알칼리성을 띤다. 즉 여성의 질 내부를 중화시킨다. 밤꽃도 우리가 모르는 생명 활동을 위해 일부러 독특한 향기를 선택했을지도 모른다.

"다른 꿀들을 다 제거한 다음에 춥고 배고프다 싶을 때 밤꿀을 물어와유."

"굉장히 귀하겠네요."

"귀하쥬. 먹으면 남자한테 좋고. 양봉하는 사람치고 여자 싫어하는 사람 없……."

"컷, 컷!"

현장에서 만난 양봉업자는 밤꽃이 벌에게 그다지 인기가 없다고 설명했다. 다른 꽃이 많이 피어 있으면 벌들이 밤꽃 쪽으로 가지 않기 때문에 얻기가 특히 힘들다고. 양봉업자는 귀하다는 밤꿀을 따뜻한 물에 타 취재팀에게 한 잔씩 건넸다. 색깔이 거무튀튀한 것이 겉보기엔 아메리카노 같았다. 나는 꿀차가 담긴 잔 위에서 손으로 바람을 일으켜 조심스럽게 냄새를 맡았다. '음, 그 냄새.' 얼굴이 벌게졌다. 개인적으로 맛은 별로였다. 달콤한 맛을 기대했는데 씁쓸한 맛이 예상보다 강했다.

"맛은 없어도 국내에서 생산되는 어떤 꿀보다 항산화 항균 효과가 뛰어납니다. 헬리코박터 파일로리균까지 제어할 수 있다니까요. 한 잔 더 드릴까요?"

"아뇨……."

밤꿀의 효능을 과학적으로 분석하기 위해 농촌진흥청을 찾았다. 여기서도 연구원이 보자마자 밤꿀차부터 권했다. 확실히 몸에 좋긴 좋은가 보다. 취재팀이 밤꿀차를 마시는 동안 최용수 농촌진흥청

잠사양봉소재과 박사는 밤꿀, 유채꿀, 벚꿀, 아카시아꿀 등을 종류별로 비커에 담았다. 일렬로 세워놓고 보니 색, 향, 점도의 차이가 확연했다.

그는 밤꿀의 항산화 효능이 아카시아꿀보다 3~4배 높다고 설명했다. 정확히는 꿀에서 항산화 기능에 관여하는 페놀 및 플라보노이드 성분을 분리했을 때 그 양이 3~4배 이상 많았다. 밤꿀의 효능은 일반 벌꿀 즉 유채꿀, 감귤꿀, 헛개나무꿀, 사과꿀, 벚꿀, 아카시아꿀과 비교해 '넘사벽'이었다. 단백질 성분이 압도적으로 많고, 다른 꿀에 없는 유기산이나 비타민C도 함유하고 있었다. 무엇보다 밤꿀은 황색포도상구균, 고초균, 대장균 같은 세균에 항균 능력도 가지고 있었다. 냄새가 수상쩍고 맛이 비릿 씁쓸하다는 치명적인 단점만 빼면 완벽한 꿀이었다. 실제로 선조들은 밤꿀을 소화기와 호흡기에 약으로 썼다.

"그나저나, 선배 아까 밤꿀차 많이 드시던데요? 어때요? 힘이 막 나요?"

"워워. 이 기자, 나 신고할 거야!"

서울로 돌아오는 차 안, 카메라팀 선배는 '철컹철컹' 수갑을 차는 시늉으로 겁을 주며 말했다. 취재 한번 잘못했다가 성희롱으로 고소당할 판이었다. 하긴 밤꿀이 남자한테만 좋으라는 법 있나. 해외에서는 스퍼미딘 성분이 동물 면역세포의 수명을 증가시킨다는 연구 결과도 있다. 2009년 유럽 연구팀이 다양한 실험동물(효모, 초파리, 예쁜꼬마선충)과 사람의 면역세포에 스퍼미딘을 공급했더니 세포의 수명이 크게 늘어났다. 스퍼미딘이 노화의 원인인 산화 스트레스[5]를 감소시킨 것으로 추정된다.

"벌들은 밤꿀을 먹으면 오래 사는 줄 알고는 일부러 찾아가는 걸까요?"

"그러게. 뭔가 이유가 있지 않을까?"

"그럼 혹시 수컷 벌들이 밤꿀을 더 좋아할까요?"

"또, 또."

늦은 복귀 길에도 그날따라 흥미로운 이야기가 계속 이어졌다. 낮에 밤꽃축제에서 산 알밤 막걸리도 분위기를 띄웠다. 고된 노동 후 막걸리 한 잔, 운전하는 기사 형님은 밤꿀차 한 잔, 모두가 힘이 나는 저녁이었다.

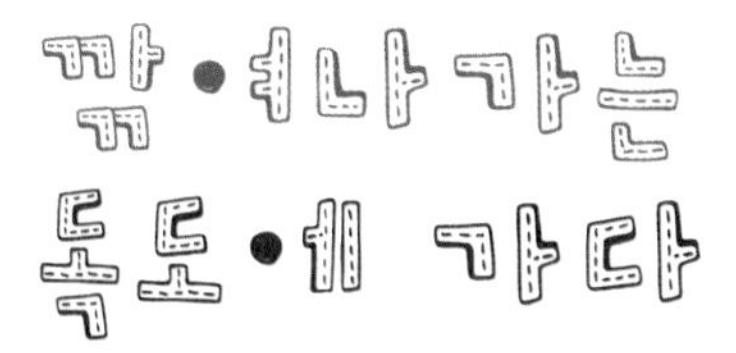

"여기가 '깔딱고개'예요. 여기만 넘으면……(휘잉)."

앞서가는 사람의 응원은 바람 소리에 묻혀 들리지 않았다. 독도 서도의 깎아지른 절벽. 168m 높이의 계단은 이름만 계단이었지 사다리에 가까웠다. 한 계단 오를수록 팔다리가 후들거리고 없던 고소공포증이 생겨나는 듯했다. 동행하는 연구원이 여름인데도 장갑을 꼭 끼라고 했던 이유를 이제야 알 것 같았다. 네발로 기어올라가야 했기 때문이다.

때는 2016년 광복절을 일주일가량 앞둔 여름, 한국지질자원연구원(지질연) 연구원들이 독도를 조사하는 데 동행했다. 뱃길로 강릉에서 울릉도를 거쳐 꼬박 5시간 반. 중간에 파고가 높아 배가 독도에 접안하기 힘들 수도 있다는 안내방송이 있었지만 운이 좋아 오전 11시에 무사히 독도에 도착했다. 그러나 본격적인 고생은 내려서부터 시작됐다.

"여기 없는데요?"

"5cm만 내려가 보세요!"

"없어요!"

"갈매기가 여기에 굴을 판 것 같아요."

"아, 찾았어요. 찾았어!"

서도의 암벽을 20분 넘게 기어오르던 지구환경연구본부 소속 송영석 책임연구원과 최정해 책임연구원이 가파른 서도 사면에 멈춰 무언가를 찾기 시작했다. 두 연구원이 겨우 발견한 것은 손바닥 한 뼘 정도 길이의 측정계였다. 쇠로 된 측정계는 무성한 수풀에 가려 일반인의 눈에는 전혀 보이지 않았다. 동물이 근처에 굴이나 둥지를 만드는 경우엔 전문가들조차도 찾기가 쉽지 않다.

독도는 460만 년 전 해저지각의 틈새로 뜨거운 마그마가 분출하면서 탄생했다. 덩치 큰 제주도, 울릉도가 생기기도 전이었다. 그리고 오랜 세월 풍화와 침식을 거쳐 동도와 서도라는 두 개의 바위섬과 약 89개의 암초로 이뤄진 현재의 모습을 갖게 됐다. 지질연은 독도의 서도와 동도에 각각 6개씩 총 12개 지점에 지표의 침식 정도를 측정할 수 있는 측정계를 설치해 3년째 관찰하고 있었다.

"3개월 전 마지막으로 측정했을 때보다 흙 두께가 1cm 정도 줄었네요."

송 책임연구원은 땅에 박힌 측정계의 눈금을 읽으면서 흙이 유실된 정도를 확인했다. 어느 정도의 속도로 독도가 침식되는지, 산사태가 어느 정도로 진행되는지를 파악하기 위한 지표다. 이날 조사에서도 섬 전체적으로 침식이 관측됐다.

"헉, 이러다 독도가 다 깎여나가는 거 아녜요?"

"크게 걱정할 수준은 아니에요. 독도는 워낙 바람이 세고 경사가 심하니까."

송 책임연구원은 침식이 급격히 심해지면 즉시 조치를 하려고 지표 변화를 꾸준히 모니터링하고 있다고 나를 안심시켰다. 독도의 평균 토층은 두께가 10~15cm로 양이 육지에 비해 훨씬 적다. 게다가 흙 입자가 주로 모래질 점토로 이뤄져 있어 풍화나 침식에 취약하다.

실제로 독도 곳곳의 낙석방지책에는 흙과 돌멩이들이 가득 쌓여 있었다. 산사태로 흘러내려 온 것들이었다. 특히 서도 주민 숙소 뒤쪽에 있는 사면은 암반의 균열과 절리가 심해서 한눈에도 움푹 패여 보였다. 함께 온 이성순 국토지질연구본부 선임연구원은 이런 암석 풍화 연구 전문가였다.

이 선임연구원의 연구 방식은 앞서 토양 유실을 연구하던 팀과는 또 달랐다. 서도 사면이 잘 보이는 선착장 평지에 자리를 잡더니 가방을 주섬주섬 열었다. 여러 번 배를 옮겨 타는 와중에 애지중지 품어온 가방이었다. 뭐가 들었나 했더니 정체는 카메라였다.

"암석의 풍화에 영향을 주는 요소는 굉장히 여러 가지죠. 식생, 염분, 수분……."

"그런 게 카메라에 찍히나요?"

"그럼요. 가시광선뿐만 아니라 근적외선도 촬영하니까요."

일명 초분광 카메라[6]였다. 이 선임연구원은 카메라에 가시광선 및 근적외선(VNIR) 초분광 분해기를 장착해 촬영하면 암석마다 식생이 얼마나 자라고 있는지, 염분이나 수분을 얼마나 함유하고 있는지를 알 수 있다고 설명했다. 이런 정보는 암석이 풍화에 취약한 정도를 파악하게 해준다.

일반 카메라는 사물에 반사된 빛을 R(빨강), G(초록), B(파랑) 세 영역대로 분해해 기록하지만, 초분광 카메라는 최고 519개 영역대로 세분화한다. 찍을 수 있는 파장도 가시광선 영역을 포함 400~1000nm(나노미터·1nm=10억 분의 1m)로 넓다. 이런 분광 특성을 이용하면 유기적인 풍화와 화학적인 풍화를 동시에 측정하는 것도 가능하다.

예를 들어 식생이 많이 자란 곳은 적외선 영역의 붉은색 파장이 많이 검출된다. 따라서 암석을 일정한 시간 간격으로 여러 차례 촬영해 비교했을 때 붉은색 파장이 이전보다 세진 지역은 식물이 뿌리를 내려 암반이 약해진 곳이다. 초분광 카메라는 암석의 종류도 열한 가지로 구분해낼 수 있어 지질조사에도 유용하게 쓰인다.

"자, 그럼 얼른 시작해주시죠."

생생한 암석 풍화 연구를 취재하기 위해 카메라를 들었다. 이 순간을 위해 장장 5시간 반 동안 배를 타고 독도에 온 게 아니던가!

"아까 끝났는데요?"

그런데 웬걸. 암석 풍화를 연구하기 위한 중요한 촬영은 2분이 채 걸리지 않았다. 1kW 배터리를 이고 지고 와 카메라를 충전하고, 대여섯 개나 되는 배선을 한 시간 넘게 연결한 것치고는 작업이 너무 빨리 끝나버렸다.

"원래 분석하는 시간이 훨씬 더 많이 걸려요. 1년 가까이 걸릴 때도 있는걸요."

이 선임연구원은 허탈한 표정을 짓는 나를 오히려 위로했다. 그는 이런 촬영을 3개월마다 한 번씩, 3년 동안 해왔다고 했다. 암석의 사면은 위성에 달린 카메라로 촬영할 수도 없기 때문이다. 1년에 들어갈 수 있는 날이 60일도 채 안 된다는 독도를 연구자가 직접 일정한 시기에 맞춰 방문해야만 한다.

"아니, 요즘 세상이 어떤 세상인데. 원격으로 연구할 수는 없나요? 원격?"

송원경 지구환경연구본부 책임연구원은 말없이 나를 동도에 있는 거대한 암석 앞으로 이끌었다. 조금 전 겨우 서도에서 내려왔는데 이번엔 동도 등반이 시작된 것이다. 취재에 과욕을 부린 것을 후회했다.

"저기, 저쪽에 균열 보여요?"

"헉? 저게 떨어져 나가면 어떻게 하죠?"

그가 손끝으로 가리킨 암석에는 거대한 균열이 나 있었다. 폭이 10cm 정도 되는 균열이 10m 이상 뻗어 있어 보는 것만으로 불안했다. 금방이라도 쩍 갈라지며 낙석이 독도 절벽으로 떨어지면 어떻게 한단 말인가. 하지만 송 책임연구원은 바위의 뿌리 부분이 굳건하게 버티고 있다며 암석 끝이 떨어져 나갈 가능성은 거의 없다고 안심시켰다. 균열 지점에 설치된 모니터링 장치가 매우 안정적인 수치를 보여주고 있기 때문이다. 연구팀은 경사면에 낙석이 발생할 때 즉시 지반의 변화를 알아차릴 수 있도록 동도에 있는 주요 구조물의 지반 움직임을 원격으로 모니터링하고 있었다.

하지만 원격 연구도 쉬운 일이 아니었다. 연구팀은 암반에 균열이 있는 3개 지점을 비롯해 케이블카와 등대 등 주요 구조물에 경사계와 균열계를 설치했다. 경사계는 암석이 x축, y축, z축으로 얼마나 움직이는지 각도를 측정하는 장치이고, 균열계는 틈새가 얼마나 벌어지는지 거리를 측정하는 장치다. 만약 각도가 0.1도 이상, 거리가 1mm 이상 벌어지면 대전에 있는 연구소로 즉시 주의 신호가 간다.

연구팀은 이런 경사계와 균열계를 주기적으로 점검하고 있었다. 낙석과 같은 작은 충돌에도 경사계나 균열계의 데이터가 달라질 수 있기 때문이다. 이번 조사에서도 각종 점검 장비들을 이고 지고 독도에 올라가 의심스러운 데이터를 내는 경사계를 교체했다. '왕도가 없다'는 말이 크게 느껴지는 순간이었다.

"근데 저희 밥은 안 먹나요?"

연구에 방해될까 웬만해선 말하지 않으려고 했는데 도저히 참을 수가 없었다. 이럴 거면 도시락은 도대체 왜 싸왔나. 오전 11시 독도에 도착해 오후 3시 배가 나가는 시간까지 연구원들은 밥도 먹지 않고 쉬지도 않았다. 연구원들의 심정도 이해는 됐다. 임무를 마치지 못하면 체류가 하루 더 늘어나고, 내일 배가 뜰 수 있을지는 아무도 장담할 수 없기 때문이다. 무조건 하늘이 고른 날짜에 일정을 맞춰야 한다. 결국 밥때를 훌쩍 넘겨 도시락을 구경했다. 맹물로 주린 배를 채우던 불쌍한 기자는 평소 같으면 거들떠보지도 않았을 나물 반찬까지 싹싹 긁어 먹었다. 그제야 독도의 절경이 눈에 들어왔다.

“이렇게까지 힘들게 독도를 연구하는 이유가 뭔가요? 지질 연구가 필요한 우리 땅은 여기 말고도 많잖아요.”

“그러게요. 연구실에 가만히 앉아 있으면 독도가 불러요.”

10년 넘게 독도 조사팀을 꾸려온 송원경 책임연구원의 대답은 간단했다.

“일반인들은 독도에 온다고 해도 30분 정도 선착장에 머무르는 것이 고작이에요. 그마저도 날씨가 좋지 않으면 배에 탄 채로 독도 주변을 선회하고 돌아가야 하죠. 그럼에도 불구하고 사람들이 독도를 계속 찾는 이유가 뭘까요. 독도만의 매력 때문 아닐까요.”

그는 아직 독도에 대해 알아야 할 것들이 많다고 덧붙였다. 연구원들이 1년에 두세 번씩 독도를 방문해 연구한 덕에 독도의 3차원 지형도가 완성됐다. 탄소 연대를 측정해서 독도의 형성 과정을 조사하는 연구도 진행되고 있다. 하지만 독도의 영유권을 주장하는 일본에 비해서는 아직 부족한 게 많다. 연구 역사가 겨우 10년을 넘길 정도로 짧기 때문이다.

“앞으로 독도에 대한 객관적인 자료를 많이 쌓아나가야죠. 이런 중요한 시기에 과학자로서 할 수 있는 일이 있어 기쁩니다.”

풍화와 침식은 어떻게 보면 독도의 당연한 운명일지도 모른다. 하지만 최대한 변함없이 지켜주고 싶은 과학자들의 마음에 가슴이 먹먹해졌다.

어서 와, 독도는 처음이지?
가자!
저곳으로!!
!!!

'아나콘다에게 먹히는 실험을 촬영한다고?'

세상에 별 '관종(관심종자)'이 다 있다고 생각했다. 고래 뱃속에 들어간 피노키오 아빠 제페토도 아니고 실제로 사람이 어떻게? 그것도 뱀 속에? 하지만 엽기적인 상상은 현실이 됐다. 다큐멘터리 〈이튼 얼라이브(산 채로 먹히다)〉에서 10년 동안 아마존 열대우림 보호 활동을 펼치며 아나콘다를 연구해온 폴 로서리는 직접 아나콘다에게 먹히는 모험을 감행했다. 평소 체험한 뒤 기사 쓰기를 좋아하는 나지만 이번만큼은 얌전히 인터뷰하는 데 만족하기로 했다.

"먹어, 먹어!"

로서리는 몸에 돼지 피를 바르고 앞에 있는 아나콘다를 자극했다. 페루의 아마존 정글에서 데려온 몸길이 6m, 무게 113kg의 암컷 아나콘다였다. 처음엔 로서리에게 무관심하던 아나콘다는 그제야 로서리를 먹이로 인식하고 긴 몸으로 칭칭 감아 옥죄기 시작했다. 살아 있는 먹이를 먹기 전에 질식시키는 아나콘다의 특성이다. 덩치 큰 아나콘다가 먹이를 죄는 힘은 90psi(프사이, 압력 단위)에 달한다. 이는 1cm²(제곱센티미터) 면적을 6.5kg 무게로 누르는 압력으로 코끼리가 밟고 지나가는 힘과 맞먹는다. 심장이 압박돼 심장 발작을 일으킬 수도 있는 위험천만한 상황이 펼쳐졌다.

하지만 로서리도 안전 준비를 철저히 했다. 그가 준비한 장비들은 '장비빨' 좀 세운다는 배트맨을 뛰어넘는 수준이었다. 먼저 가볍고 강도가 큰 탄소 섬유 소재로 보호 장구를 만들었다. 보호 장구는 아나콘다가 누르는 힘의 세 배 정도인 300psi에도 견딜 수 있도록 개발했다.

겉에는 127가지 화학물질로부터 몸을 보호하는 전신 방호복을 입었다. 방호복은 강력한 산성물질인 아나콘다의 소화액과 닿아도 8시간 이상 녹지 않고 버틸 수 있도록 제작됐다. 그리고 그 위에 아나콘다 몸속에서도 숨을 쉴 수 있도록 산소 공급 마스크와 목뼈 보호 헬멧을 썼다. 헬멧에는 무선통신장치가 장착돼 아나콘다에게 먹히는 상황을 의사나 지켜보는 팀원들에게 전달할 수 있었다.

보호 장구 가장 안쪽에는 혈압과 체온, 외부 압력 등을 실시간으로 알려주는 조끼를 입었다. 마지막으로 아나콘다의 이빨에 찔려도 피가 나지 않도록 팔에 상어 가죽으로 만든 토시를 착용했다.

"머리로 피가 쏠리면서 몸, 특히 팔의 감각이 점점 사라졌어요. 마지막으로 기억나는 게 아나콘다 입이 크게 벌어지며 눈앞으로 다가오는 장면입니다."

로서리는 아나콘다의 압박이 시작된 이후의 상황을 잘 기억하지 못했다. 초반에는 그가 마치 레슬링을 하듯 아나콘다의 조이는 힘에 저항하기도 했다. 그러나 오래 버티지 못했다. 5분도 안 돼 로서리의 몸이 축 처졌다. 로서리의 혈압이 180㎜Hg까지 상승했다.

아나콘다는 로서리의 의식이 희미해지자 본격적으로 '먹이'를 삼키기 시작했다. 처음에는 팔을 무는가 싶더니 금세 머리를 찾아 입안에 넣었다. 불행인지 다행인지 아나콘다는 먹잇감을 씹지 않고 통째로 삼킨다. 몸에 비해 머리는 작지만 유연한 턱관절을 이용해 악어와 같은 큰 먹잇감도 거뜬히 삼킬 수 있다. 아나콘다의 턱관절은 위아래로 180도가 벌어지고 양옆으로도 늘어난다. 아나콘다는 먹이를 삼킨 뒤 소화액으로 천천히 녹여 먹는다. 로서리의 헬멧에 부착된 카메라에는 아나콘다의 쩍 벌린 입속과 목구멍 안쪽이 생생하게 찍혔다.

'저러다가 정말 죽으면 어떡하지?'

손에 땀을 쥐는 순간, 동료들은 로서리가 정신을 완전히 잃기 직전 그를 구출했다. 이를 두고 '생명을 위한 당연한 선택'이라는 의견과 '아나콘다를 고문하면서까지 밀어붙인 실패한 도전'이라는 의견이 갈렸다. 그러게. 왜 아필 아나콘다였을까.

로서리는 "이번 도전은 사람들이 아마존 유역의 환경문제에 주목하길 바라는 마음에서 기획했다"며 "죽기 위한 도전이 아니었다"고 말했다. 자연을 사랑하는 마음이 있다면 그것을 알리는 일도 중요하기에 티브이 앞에 나섰다는 게 그의 설명이었다. 담담하게 이야기를 이어나가면서도 순간순간 도전 당시를 떠올리며 몸서리치는 그를 보니 잠깐이나마 '관종'이라 생각한 게 미안해졌다.

"아나콘다의 서식지를 보호하는 연구 기금을 마련하고 싶습니다."

그의 마지막 바람이었다. 이 바람이 이뤄졌는지는 잘 모르겠다. 2017년 2월에 마지막으로 들은 그의 소식은 그가 인도 웨야나드 지역의 열대우림에서 지내고 있으며, 야생 코끼리에게 쫓기다 카메라가 망가졌다는 소식이었다.

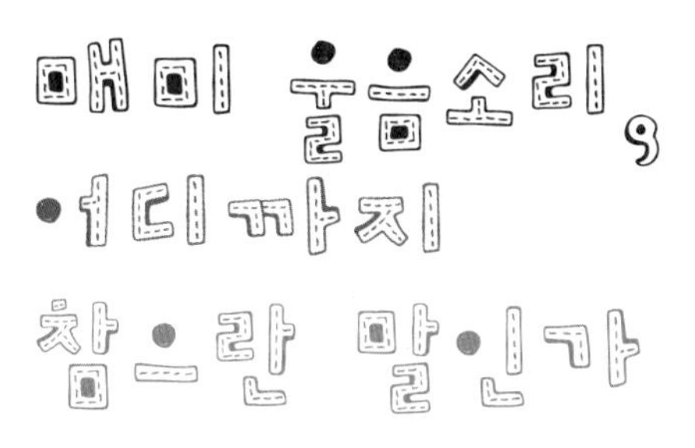

"하~암~!"

"선배, 쉿! 쉿!"

"아니, 촬영을 꼭 이런 꼭두새벽에 해야 하는 거야?"

"그럼 매미한테 낮에 울어달라고 할 수는 없잖아요. 불빛을 좋아하니까 불 켜진 집 위주로 봐주세요. 방충망에 붙어서 우는 놈 있는지!"

매미를 찾아 새벽 5시부터 아파트 단지를 헤매던 카메라팀 선배에게서 결국 볼멘소리가 터져 나왔다. 그러나 어쩔 수 없는 일이었다. 세상에서 가장 힘든 인터뷰가 바로 동물 인터뷰이기 때문이다.

만날 시간을 약속할 수가 있나, 만날 장소를 문자로 물어볼 수가 있나, 그저 있을 법한 장소에서 기다리는 방법뿐이었다. '뻗치기'는 정치부 기자들만 하는 게 아니다.

매미는 여름철 '사골' 아이템이다. 가뜩이나 열대야 때문에 밤잠 설치는데 이른 아침부터 창문 방충망에 붙어 우니 피해자가 속출한다. 한 계절의 짝짓기를 위해 얼마나 오랜 시간을 기다렸을까, 짧게는 5년 길게는 17년까지도 기다린다던데…… 이해하려다가도 30분쯤 듣고 있으면 슬슬 욕이 나온다. 매미가 화통을 삶아 먹었다는 제보를 받고 서울 마포구 창전동의 한 아파트를 찾았다.

'맴맴맴맴.'

"(속삭이며) 찾았다, 이 기자, 나무 위를 봐!"

"(속삭이며) 어휴, 귀가 다 먹먹하네요. 누가 이 소리를 정감 있다고 하겠어요."

소음측정기에는 85dB(데시벨)이라는 수치가 찍혔다. 85dB은 대형 트럭이 지나갈 때 나는 소리 크기다. 이쯤 되면 현행 집회 및 시위에 관한 법률(일명 '집시법') 제14조도 위반이다. 법률에 따르면 해가 진 야간에는 주거 지역 및 학교에서는 60dB, 기타 지역은 65dB을 넘는 소음을 내서는 안 된다. 신고 시 최대 50만 원의 벌금 또는 과료가 부과된다.

"주변이 조용해서 그런가. 더 크게 들리는 것 같아."

"그런가요?"

선배의 말을 듣고 전날 오후 2시경에 촬영한 영상을 돌려봤다. 73dB. 주변이 조용해서만은 아니었다. 매미는 실제로 밤중에 더 시끄럽게 울었다.

"도심 지역의 매미 개체수가 급격히 늘어났기 때문입니다."

매미의 소음 문제 연구로 박사학위를 받은 윤기상 대전 전민고등학교 선생님은 '세레나데 경쟁' 때문이라고 설명했다. 울음소리는 수컷이 암컷의 관심을 끌기 위해 부르는 세레나데다. 소리를 내지 못하는 암컷 매미는 수컷 매미의 울음소리를 듣고 나무를 옮겨 다닌다. 그런데 최근에 개체수가 늘면서 구애가 힘들어졌다. 한 나무에 살고 있는 수컷 매미가 너무 많아져버린 것이다. 짝짓기를 하려면 쉬지 않고 울 수밖에 없다.

또 다른 이유도 있다. 매미는 원래 온도에 민감하다. 그러나 열대야일 때는 기온이 충분히 높기 때문에 밤낮을 가리지 않고 운다. 게다가 지표면의 온도 차이 때문에 같은 소리도 밤에는 낮보다 더 크게 들릴 수 있다. 낮에는 지표면에 움직임이 활발한 더운 공기가 있어서 매미 소리가 위로 퍼지지만, 밤에는 차가운 공기가 뭉쳐 있어 소리가 퍼지지 않고 지상으로 다시 굴절되기 때문이다.

"고놈 참 크다. 어릴 때 갖고 놀 땐 작고 귀여웠던 것 같은데."

카메라팀 선배는 렌즈에 포착된 매미를 애정 어린 눈으로 바라봤다. 몸길이만 약 40mm. '왕매미'라는 별명도 가진 말매미였다. 원체 곤충을 무서워하는데 덩치까지 큰 말매미를 보니 몸에 소름이 돋았다. 말매미는 울음소리도 우악스럽다. 한 나무에서 수십 마리가 한꺼번에 울면, 다른 매미가 이 나무에 와서 경쟁하기가 어렵다. 그런 말매미가 제일 좋아하는 나무는 플라타너스, 벚나무 즉 대로변 가로수와 아파트 정원수들이다. 어릴 때 시골에서 듣던 정겨운 울음소리가 말매미의 것이 아니었을 수 있다는 얘기다.

한국에 사는 매미는 말매미 외에도 참매미, 애매미, 풀매미 등등 13여 종이 더 있다. 이것들은 울음소리가 말매미보다 작고 다채롭다. 말매미는 '맴~맴~맴~' 같은 소리로 전자음악(EDM)처럼 울지만 애매미는 트로트처럼 소리를 꺾는다. 주파수가 심하게 변하는 변조부가 두 군데나 있다. 한편 털매미는 '찌—' 하는 8.3kHz(킬로헤르츠)의 높은 주파수의 소리를 일정한 크기로 내며 울다가 마지막에 '찌—찌—찌—찌—' 불연속적인 음을 반복한다. 소프라노와 유사하다. 유지매미는 소리가 기름 끓는 것 같다고 '기름매미'라는 별명을 가지고 있다.

"알고 나면 찾아 듣는 재미가 있다니까요?"

"매미 싫어한다면서 그걸 언제 다 외웠대?"

"매미는 사골 아이템이니까. 내년에 또 써먹게요."

"여러 가지 매미는 촬영하기가 더 힘들 것 같은데?"

"미리 잘 부탁드려요(찡긋)."

나는 태풍이 겁나지 않는다

"우의 챙기셨죠?"

"응."

"카메라 덮개는요?"

"챙겼어."

"마음의 준비는 하셨어요?"

"자꾸 불안하게 왜 그래~!"

국립과천과학관 태풍 체험실 앞, 복도는 폭풍 전야를 예고하는 듯 적막감이 감돌았다. 카메라팀 선배는 카메라 덮개를 꼼꼼하게 점검했다. 이날 실험은 2013년 10월 한반도를 강타한 태풍 '다나스'의 위력을 확인하는 실험이었다. 15년 만에 온 가을 태풍 다나스는 순간최대풍속이 초속 30m가 넘는 강풍을 동반했다. 그 영향으로 길가의 표지판이 넘어지고 커다란 바위가 날아갔다. 바람의 세기가 태풍의 위력에 얼마만큼 영향을 주는지 궁금했다.

"저는 준비됐습니다."

"카메라도 준비됐습니다."

"좋습니다. 초속 10m부터 가겠습니다."

정광훈 국립과천과학관 전시과 박사의 명령이 떨어지고, 잠시 뒤 '우우웅' 팬이 도는 소리와 함께 바람이 불기 시작했다. 들고 있던 우산이 흔들리고 귓가에 바람 소리가 크게 울렸다. 우의를 단단히 챙겨 입은 덕분에 옷은 거의 젖지 않았다.

"이 정도면 수월한데요?"

"좋습니다. 초속 20m!"

이번엔 달랐다. 초속 20m의 바람 앞에선 우산이 맥없이 뒤집어졌다. 강한 바람을 타고 빗방울이 얼굴을 쳐 눈을 뜨기 힘들었다. 눈 화장이 번질 게 분명했다.

"그래도 견딜 만해요."

"알겠습니다. 그럼 초속 30m."

잠시 뒤, 내가 괜한 말을 했다는 사실을 깨달았다. 초속 30m 바람은 집채만 한 파도를 만들어내고 가로수를 뽑는 강풍이었다. 직접 경험해보니 비바람에 균형을 잡고 서 있기도 힘들었다. 평소 우스갯소리로 성인 여성 중 상위 1%의 몸무게라고 자부했는데 거대한 자연의 힘 앞에서는 작은 인간일 뿐이었다. 빗방울이 우의와 장화를 뚫고 들어와 몸이 흠뻑 젖었다. 바람 소리와 함께 점점 정신이 아득해졌다. 태풍의 세력을 가늠할 때 강우량보다 풍속을 재는 이유를 알 것 같았다.

"방송 기자들이 태풍 현장에서 허리에 줄을 묶고 나오는 게 그동안 '쇼'라고 생각했어요. 그런데 바람이 무섭긴 무섭네요."

나는 젖은 바지의 물을 짜면서 말했다.

"그럼요. 중심 풍속이 초속 5m만 증가해도 그 피해는 엄청나게 커집니다."

정 박사는 초속 30m 이상의 강풍이 불 땐 운전도 위험하다고 강조했다. 시속 70km 이상으로 달리면 앞이 보이지 않고 차체가 좌우로 흔들리기 시작한다고. 다나스가 이 정도인데 볼라벤이나 매미 같은 다른 태풍은 오죽했을까. 태풍 볼라벤은 순간 최대 풍속이 50m가 넘는 돌풍이어서 수십 톤짜리 기차가 탈선하기도 했다. 태풍 매미는 역대 태풍 중 가장 강한 초속 60m의 돌풍을 동반했다. 그 여파로 집채만 한 철골 구조물이 쓰러졌다. 온 도시가 초토화됐다.

"가을인데 태풍이 이렇게 세도 되는 거야?"

초속 30m 비바람 속에서 중심을 잡고 촬영까지 하느라 두 배로 고생한 카메라팀 선배의 질문이었다.

"그럼요. 사라, 루사, 매미…… 역대 최악으로 꼽히는 태풍들이 모두 가을 태풍이잖아요. 여름 태풍보다 힘이 더 세요."

이유는 간단했다. 태풍은 적도 근처의 열대 해상에서 생긴다. 태풍의 발생을 좌우하는 가장 큰 요소는 해수의 온도다. 바닷물의 온도가 올라가면 근처의 덥고 습한 공기가 위로 상승하면서 덥고 습한 공기 기둥이 만들어진다. 이때 해수의 온도가 높으면 더 많은 에너지를 공급받아 강력한 기둥이 형성된다. 9월은 북태평양 해수 온도가 1년 중 가장 높다. 또 북태평양 고기압이 수축하면서 태풍이 우리나라로 북상하는 고속도로가 만들어진다.

"더 충격적인 사실이 뭔지 아세요? 가을 태풍 수가 앞으로 더 늘어날지도 몰라요!"

"설마 이 짓을 더 해야 한다는 소리야?"

그렇다. 여러 가지 수치들이 말해주고 있다. 먼저 국립수산과학원이 2013년 발표한 자료에 따르면 한반도 주변 해역의 표층수온은 43년간(1968~2010년) 1.29℃ 상승했다. 같은 기간 세계 표층수온이 0.4℃ 상승한 것에 비하면 굉장히 높은 수치다. 따라서 과거에는 태풍이 우리나라에 가까워지면 점차 세력이 약해졌는데, 앞으로는 수온이 높은 바다를 지나기 때문에 이런 효과를 기대하기 어렵다.

태풍이 바다에서 가장 큰 에너지를 갖는 위도도 점점 북상하고 있다. 미국 국립해양대기청(NOAA)의 분석 결과에 따르면 10년간 적도에서 북반구 쪽으로는 평균 53km, 남반구 쪽으로는 평균 62km 이동했다. 허창회 서울대 지구환경과학부 교수팀은 2100년경에는 1년 동안 한반도와 일본으로 향하는 태풍의 숫자가 지금보다 4개가량 늘어날 것이라는 예측을 내놓기도 했다.

한편 2016년 10월 태풍 '차바'는 남해안에 물 폭탄을 쏟아부었다. 울산에 3시간 만에 300mm가 넘는 폭우가 쏟아졌다. 우리나라의 평균 강수량(1300mm)의 70~80%는 이렇게 태풍의 집중 영향 기간에 내린다.

홍수는 강풍과는 달리 2차 피해가 위협적이다. 국립재난안전연구원은 홍수의 위력을 알아보기 위해 초속 2m 급류가 흐르는 하천에 1.3t(톤)짜리 차량이 침수된 상황을 실험했다. 실험 결과 차량은 물이 바퀴의 3분의 2 높이로 차오르는 순간 급류에 휩쓸렸다. 차체 바닥이 물에 뜨면서 강력한 부력이 생긴 탓. 연구팀은 버스나 트럭 같은 크고 무거운 차량도 예외일 수는 없다고 설명했다. 실제 홍수 상황에서는 하천의 급류가 실험보다 최소 1.5배 더 빠르다고 하니 새삼 놀랍다. 현실은 늘 실험보다 끔찍하다.

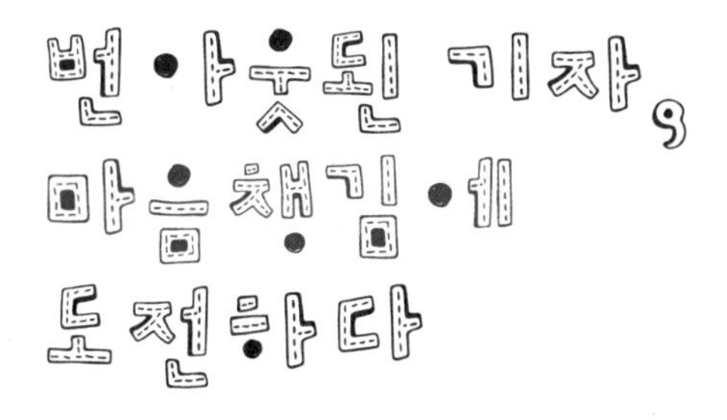

"모니터에 파란색 우주선 보이죠? 그 우주선을 날릴 거예요."

"이대로요? 조이스틱도 없이요?"

정말 이상한 우주선 게임이었다. 간호사는 전극 몇 개를 내 머리에 붙이더니 거대한 기계 장치를 통해 나와 모니터를 연결했다. 준비는 그게 다였다.

"자, 이제 우주선을 날리겠다는 생각을 해보세요."

"아니, 생각만으로 어떻게……."

그 순간 우주선이 전진하기 시작했다. 분명 화면 속의 우주선을 바라봤을 뿐인데! 분홍색, 파란색, 초록색 총 세 대의 우주선은 앞

뉴스
초 집중~
번뇌야 사라져라!

서거니 뒤서거니 하며 전진했다. 간호사는 "파란색에 집중하라"고 다시 한번 말했다. 그 말에 파란색 우주선을 다시 한번 바라봤다. 그러자 파란색 우주선이 속도를 내기 시작했다. 급기야 꽁무니에 터보엔진 불길을 뿜으며 다른 우주선과의 간격을 점점 벌렸다. 짜릿한 기분이 들었다.

"자, 이제 보석이 나올 거예요."

'보석'이 추가 점수를 낼 기회라는 건 다년간의 슈퍼마리오 게임 경험으로 알 수 있었다. 금화나 버섯처럼 내 캐릭터의 능력을 업그레이드해줄 것이었다. 하지만 이번에는 우주선이 생각대로 움직이지 않았다. 결국 보석을 지나쳐버리고 말았다.

"보석은 놓쳤지만 집중력이 심각하게 낮은 편은 아닙니다."

정신과 전문의인 배진우 마인드앤헬스의원 원장은 대뜸 집중력 얘기를 꺼냈다.

"제가 도대체 무슨 게임을 한 거죠?"

배 원장은 분홍색, 파란색, 초록색 세 대의 우주선이 머릿속에서 나오는 뇌파(뇌의 활동으로 일어나는 전기적 파동)를 측정한 결과라고 설명했다. 분홍색, 파란색, 초록색이 각각 세타파, 낮은 베타파, 높은 베타파였다. 우주선의 속도는 뇌파가 나오는 양과 비례했다. 뇌파의 종류와 양은 머리에 부착한 뇌파 측정 장치(EEG)를 통해 게임으로 전달됐다.

세 가지 뇌파는 각각 특성이 달랐다. 파란색 우주선이 나타내는 낮은 베타파(15~18Hz)는 작업을 하면서 각성이 됐을 때 나오는 뇌파였다. 집중이 잘되고 머리가 맑을 때 나왔다. 반면 분홍색 우주선이 나타내는 세타파(4~7Hz)는 정신이 멍하거나 잠이 올 때 나오는 뇌파였다. 초록색 우주선이 보여준 높은 베타파(22~36Hz)는 작업을 하면서 스트레스를 받아 불안한 상태에서 나왔다.

"사람이 한 가지의 생각만을 할 수 없듯, 뇌파도 한 가지만 나오는 경우는 없습니다."

배 원장은 게임 내내 들쑥날쑥한 내 뇌파를 보면서 뇌파의 절대적인 양보다는 비율이 중요하다고 강조했다. 집중이 잘될 때의 낮은 베타파와 정신이 멍할 때의 세타파 비율이 2.5 이하이면(세타파가 2.5배 이상 많지 않으면) 주의력에 문제가 없다는 게 그의 설명. 나의 경우도 다행히 그 비율이 1.8로 낮았다. 그런데 왜, 기사 쓸 때는 집중이 안 되는 걸까. 이은정 한국뇌연구원 선임연구원에게 전화를 걸어 물었다.

"이 기자는 게임에서 집중을 잘하면 우주선이 앞으로 잘 나간다는 것을 알고 있었지요?"

"네."

"우주선이 잘 나갈 때 기분이 좋아지는 것도 느꼈을 테고요."

"어머, 선생님. 족집게시네요."

"그렇게 게임을 20회 정도 반복하면 집중이 잘될 때의 내적 상태를 스스로 만들 수 있습니다."

그는 개선이 필요한 뇌 영역을 집중적으로 훈련하면 스트레스를 완화시키거나 인지기능을 향상시킬 수 있다고 말했다. 우주선 게임은 시각적인 피드백을 이용해 뇌 영역을 간편하게 훈련할 수 있는 도구였던 셈이다. 그는 게임을 하는 사람이 집중이 잘될 때의 내적 상태(낮은 베타파가 많이 나오는 상태)를 기억하게 해서, 다음번에 또 다시 게임을 할 때 스스로 집중 상태의 뇌파를 만들어나갈 수 있다고 말했다. 이것을 "뇌의 가소성을 활용한 뉴로피드백Neurofeedback[7] 훈련"이라고 설명했다.

"웨이트 트레이닝을 할 때 무게를 조금씩 늘려서 근육을 키우죠. 우주선 게임도 점점 더 어렵게 만들어요."

게임 중간에 튀어나오는 보석이 대표적인 예다. 집중력이 흐트러지게 만든다. 나와 같은 초보자들은 보석의 유혹을 쉽게 떨쳐내지 못하지만 숙련된 사람들은 보석을 봐도 파란색 우주선에 대한 주의력을 유지한다.

"자, 이번엔 평소에 불안함을 얼마나 느끼는지 검사해볼까요?"

"불, 불안함이요?"

간호사의 말에 올 것이 왔구나 싶었다. 치열한 미디어 산업에서 경쟁하며 매달 마감에 쫓기는 처지였다. 최근에는 물건들을 자주 깜빡하고 사소한 일에 짜증을 내는 일도 많았다. 무엇보다 이날은 명상 취재가 원하는 대로 잘 풀리지 않아 매우 불안한 상태였다. 취재하러 갔다가 우주선 게임만 잔뜩 하고 온 걸 데스크가 안다면……. 간호사들은 나의 이런 심리 상태는 아랑곳하지 않고 다시 전극을 머리에 붙였다. 이번에 부착한 위치는 좀 더 정수리 쪽이었다.

"눈을 감고 소리를 들어보세요."

"시냇물 소리가 들려요."

"그럼 이제부터 생각을 비우고 마음을 안정시켜보세요. 시냇물 소리가 파도 소리로 변할 거예요."

그러나 하지 말라고 하면 더 하는 법.

'얼른 생각을 비워야겠다. 그런데 지금 몇 시지? 끝나고 저녁은 뭐 먹을까. 기사는 도대체 어떻게 쓰냐. 이게 파도 소린가? 시냇물 소린가? 애매하네…….'

잡생각이 꼬리에 꼬리를 물었다.

"불안함이 일반인들에 비해 크게 높지 않습니다."

의외의 결과가 나왔다. 배 원장은 이번에도 뇌파 측정 결과로 설명했다. 결과표에는 세타파(2~8Hz), 알파파(8~11Hz), 베타파

(15~30Hz) 세 가지 뇌파가 복잡하게 얽혀 있었다.

"평소에 불안감을 많이 느끼는 사람은 생각이 너무 많은 과각성 상태라 세 뇌파 간의 격차가 큽니다. 하지만 이 기자의 뇌파는 세 가지 뇌파가 골고루 나왔고, 뇌파끼리 교차하는 지점도 여럿 보이죠. 이건 불안함이 적고 편안한 상태라는 뜻입니다."

배 원장은 뇌파가 서로 교차하는 지점에서 시냇물 소리가 파도 소리로 변한다며 이때의 평온한 내적 상태를 잘 기억해놓으라고 조언했다. 이 역시도 긍정적인 피드백을 통해 뇌를 강화시키는 뉴로피드백 훈련이었다.

뉴로피드백 훈련은 수면장애나 불안, 우울증을 겪는 30대 여성이나 ADHD(주의력결핍 과잉행동장애) 아동 환자에게 실제로 적용된다. 특히 ADHD 아동의 경우 고위 인지기능을 담당하는 전두엽 부위에서 세타파가 표준치보다 광범위하게 활성화된 양상이 나타난다. 이는 전두엽 기능이 저하됐다는 신호다. 병원에서는 세타파를 낮추고 베타파와 SMR파(진동수가 알파파와 베타파 사이인 뇌파로, 지속적인 각성 상태에서 나온다)를 늘리도록 훈련한다.

치료 효과도 속속 입증되고 있다. 정철호 계명대 의대 정신과 교수와 이은정 연구원팀이 ADHD 진단을 받은 6~12세 어린이 36명을 대상으로 약물치료만 할 때와 약물치료와 뉴로피드백 훈련을 병행할 때의 치료 효과를 비교했다. 그 결과 뉴로피드백 훈련을 병행할 때 치료 효과가 눈에 띄게 높았다. 뉴로피드백 훈련을 받은 아이들은 좌·우반구 모두에서 세타파가 크게 감소해 주의력의 변화를 보였다. 이 연구원은 "주의력이 좋으면 같은 시간을 공부하더라도 기억하는 내용이 더 많아지기 때문에 학습 효과가 높아질 수 있다"고 말했다. 정 교수는 "뉴로피드백 훈련이 약물치료보다 효과가 더 뛰어나다고 말할 수 없지만, 약물에 부작용을 보이거나, 약물치료로 효과를 보지 못하는 환자들에게 적용할 수 있다는 데 의미가 있다"고 설명했다.

"눈을 감고 '옴' 소리를 내며 정신을 집중해보세요."

"옴~"

집중력도 정상, 불안감도 정상인 탓에 뉴로피드백으로 별다른 효과를 보지 못한 나는 마지막으로 요가 수업을 끊었다. 일하랴 공부하랴 정신없이 살다 번아웃된 영혼을 다독이는 데는 차분한 명상만 한 게 없지 싶었다. 좀 더 유식하게 표현하면 '마음챙김 명상Mindfulness Meditation'에 도전했다. 마음챙김 명상은 1979년 미국 매사추세츠 의대에서 처음 도입된 명상을 통한 스트레스 완화 기법이다. 최근 구글이나 애플, 페이스북 같은 기업들이 직원의 집중력과 업무 능력을 향상시키기 위해 교육한다고 알려져 화제가 됐다.

마음챙김 명상은 주의를 한 곳에서 다른 곳으로 옮기고 다시 집중하는 훈련을 반복했다. 심호흡을 하면서 가볍게 몸을 움직여 말단의 감각들에 집중했다. 주의를 집중하는 훈련을 통해 뇌를 변화시킨다는 기본 방식은 뉴로피드백 훈련과 동일했다. 하지만 뉴로피드백 훈련이 뇌를 조건화시켜 불필요한 뇌파를 줄이고 긍정적으로 뇌 기능을 향상시키는 데 반해, 마음챙김 명상은 내가 나의 감각과 느낌을 알아가는 것에 주안점을 두고 있었다.

"옴~ 이제야 내면의 평화를 찾은 것 같아. 옴~"

"그, 그래."

친구들은 요가 수업을 다녀온 날마다 이상한 소리를 내는 나를 걱정스럽게 바라봤다. 하지만 마음챙김 명상이 집중력, 자아 조절 능력, 자의식 등에 긍정적인 영향을 준다는 과학적인 증거는 충분했다. 2015년 3월 《뉴로사이언스》에는 '마음챙김 명상의 신경과학'이라는 제목으로 명상의 효과를 뇌 영역에서 신경과 분자 단위로도 설명한 논문도 실렸다.

그중 하나를 소개하면 명상은 스트레스를 직접적으로 조절한다고 한다. 명상을 하는 중에 시상하부—뇌하수체—부신피질 축(HPA 축) 활동이 증가하면서 부교감 신경계가 활성화돼 스트레스를 받아 생긴 코르티솔 호르몬을 억제한다는 것이다. 결과적으로 심박수, 호흡수, 산소 대사가 감소하고 아드레날린의 부산물 농도가 줄어 신체 이완이 이뤄진다.

물론 명상이 삶을 획기적으로 바꿀 것이라고 확정 지어 말할 수는 없다. 명상의 효과를 연구하는 데 방법론적인 한계가 존재하기 때문이다. 가령 사람마다 명상을 하는 수준, 반복하는 횟수가 제각각이다. 명상을 하기 전과 후를 비교하는 종단 연구는 표본 수가 수십 명 내외로 적다. 그럼에도 불구하고 우리 두뇌의 놀라운 능력을 긍정적으로 활용하기 위한 신경과학 연구는 계속되고 있다. 언젠가는 위대한 뇌의 힘이 기사와 발제라는 무한 굴레에서 나를 구원해 주는 날이 오지 않을까 기대한다.

“추석 귀경 시즌이니 멀미를 좀 취재해봐.”

“에이 선배, 뭐 새로운 내용 있겠어요? 귀밑에 뭐 좀 붙이면 괜찮아지는데.”

한 시간 뒤, 나는 마이크를 손에 꼭 쥐고 귀성객 인터뷰를 노리는 한 마리의 하이에나가 되어 고속버스터미널 의자에 앉아 있었다. 면피할 발제도 없는 주제에 총 맞는 걸 거부한 괘씸죄까지 추가돼 뭐라도 취재해 가야 하는 상황이었다. 마침 저 멀리 약국에서 멀미약을 사서 마시고 있는 50대 남성 한 명을 발견했다. 뛰어가 자연스럽게 말을 걸었다.

"선생님 어디까지 가세요?"

"목포요."

"어휴, 멀리 가시네요. 그래서 멀미약을 드셨구나."

숙련된 방송 기자의 스킬이었다. 인터뷰라는 말은 부담스러우니 일단 마이크부터 들이밀기.

"평소엔 괜찮은데 고향 갈 때만 되면 꼭……."

그 승객은 이상하게 고속버스만 타면 눈앞이 노래지고 구토가 나온다고 했다. 과학 기자의 촉이 발동했다. 분명 진동수 탓이었다. 국제표준화기구(ISO)에 따르면 인체에 영향을 미치는 진동은 0.63Hz 이하의 저주파수 진동과 1~80Hz의 진동으로 나뉜다. 1Hz 이하의 낮은 주파수는 귓속에 있는 전정기관이 감지하고 신경계로 보낸다. 귓속 전정기관의 신호('차가 흔들린다')와 눈에서 감지한 신호('차 안에 사물들이 고정돼 있다')가 뇌에서 만났을 때 서로 일치하지 않으면 멀미가 발생한다.

저주파수 진동은 모든 탈것에서 발생하지만 그중에서도 가장 심한 것은 배다. 배는 2~3초마다 한 번씩 위아래로 출렁거린다. 이런 진동이 내릴 때까지 몇 시간이고 계속된다. 이런 상황에서 멀미는 조금씩 점층된다. 배에서 내리는 순간까지 지옥을 맛보게 된다.

"아니, 저는 버스를 탄다니까요."

"물론 버스도 심각한 저주파수 진동이 발생합니다. 꼬불꼬불한

국도에서 코너링을 한다고 생각해보세요. 3초에 걸쳐 커브를 틀면 수평 방향으로 진동수가 0.33Hz인 저주파수 진동이 생깁니다."

"아, 네."

듣는 승객의 표정은 떨떠름했다. 불난 집에 부채질하느냐는 표정이었다. 그러나 이왕 시작한 거 설명을 이어나갔다.

"무거운 버스는 승용차보다 코너링을 천천히 하기 때문에 더 낮은 저주파수 진동을 발생시킬 수 있습니다. 거기에 승차감을 높이려고 시트에 에어스프링을 설치했을 거예요. 버스가 빠르게 달릴 때는 효과가 있지만 천천히 울퉁불퉁한 길을 갈 때는 오히려 멀미를 가중시키죠. 차 전체가 '꿀렁' 하는 경험, 해보셨죠?"

서스펜션이나 쿠션 같은 충격 완화 장치가 잘돼 있는 고급 버스일수록 오히려 더 흔들릴 수 있다는 고급 정보를 말하는데도 승객은 듣는 둥 마는 둥이었다.

"길이라도 막히지 않아야 할 텐데. 가다 서기를 반복하면 앞뒤로도 진동이 생기기 때문에 저주파수 진동이 더 심해질 수 있거든요."

승객은 결국 버스 시간이 다 됐다며 떠나버렸다. 생각 없이 내 얘기만 하다 소중한 인터뷰이를 놓쳐버렸다.

"훈련을 하면 멀미에도 적응할 수 있습니다."

다행히 정연훈 아주대학교병원 이비인후과 교수는 습관을 바꿔 멀미를 극복할 수 있다는 새로운 이야기를 들려줬다. 그의 말에 따르면 뇌가 흔들림에 적응하기 전, 즉 1~2세 된 영유아는 멀미를 거의 느끼지 않는다고 한다. 반면 고정된 환경에 익숙한 노인들은 멀미에 취약하다. 이는 흔들림에 적응하는 능력이 2~3세 때 길러지기 때문이다. 이 기간에 차나 버스를 타고 진동을 경험하면 어른이 돼서도 멀미를 잘 느끼지 않는다. 2~3세가 도대체 언제적 얘기냐 하는 사람도 방법이 없는 것은 아니다. 배드민턴이나 탁구 같은 눈동자를 빠르게 움직일 수 있는 공놀이를 하거나, 눈을 한곳에 고정한 채 눈동자를 좌우나 위아래로 돌리는 운동이 도움이 된다.

"저는 멀미가 원래 없었는데 최근 들어서 엄청 심해졌어요."

얘기가 너무 흥미로운 나머지 나도 모르게 상담을 하기 시작했다. 정 교수는 나에게 3차원 회전의자 검사를 권했다. 밀폐된 공간에서 앉은 사람의 평형감각 기능을 측정하는 어지럼증 검사기였다. 그는 귓속 전정기관에 염증이 생겨 멀미가 심해지는 경우도 있다고 걱정해줬다. 그럴 땐 훈련이 아닌 치료만이 답이라고 말이다.

"으악."

3차원 회전의자 검사기는 이름 그대로 기울어진 상태로 빙글빙글 돌았다. 처음에는 놀이기구를 탄 것처럼 재밌었다. 주변이 빙글빙글 돌고 몸이 제자리에서 붕 떠오르는 듯한 느낌이 들었다. 하지만 곧 속이 메슥거렸다. 회식 자리에 늦어 폭탄주 3잔을 연달아 들이켠 기분. 검사실 직원은 "어지러우면 빨간불을 보라"고 말했다.

"봐도 어지러워요. 살려주세요."

직원은 무심하게 의자의 회전축을 이동시키고 이번에는 의자를 반대 방향으로 돌렸다. 정신이 없어 몰랐지만 회전하는 동안 안구의 움직임을 적외선 카메라로 촬영해 평형감각을 담당하는 내이 속 세반고리관의 이상 여부를 확인하는 검사였다.

"너무 어지러워요. 아무래도 제 세반고리관에 문제가……."

하지만 검사 결과에는 이상이 없었다. 주변에서는 모두가 내 멀미를 꾀병이라고 폄하했다. 나의 억울함은 그로부터 몇 년이 지난 뒤에야 겨우 풀렸다. 원인은 과도한 취재 스트레스(를 줄이려 마신 술) 때문이었다. 술을 마시고 차에 타면 뇌가 흔들림에 적응하는 능력이 떨어져 멀미를 더 심하게 느낄 수 있다는 연구 결과가 나왔다.

"건강 때문에라도 올해는 배드민턴이나 탁구를 좀 배워야겠어."

동료는 한마디로 대꾸했다.

"그냥 술을 끊는 게 어때."

엉뚱한
영혜 씨

"나를 믿어주길 바래~ 함께 있어~ 커즈 암 욜cause I'm your ~♬"

평소 즐겨 듣는 그룹 SES의 노래 〈아임 유어 걸〉이었다. 나는 자신 있게 따라 부르며 손과 발을 움직였다. 그러자 거울 속에 오징어 한 마리가 동시에 다리 네 개를 꿈틀거렸다. 민망한 웃음이 저절로 터졌다. 그런 나에게 홍댄스컴퍼니 대표 홍혜전 영남대 교수는 "자신감을 가지라"는 얘기를 열 번도 넘게 했다.

2015년 가을, 나는 막춤이 인기를 끄는 이유를 취재하기 위해 서울 홍은예술창작센터 연습실을 찾았다. 막춤이라고 하면 보통 수준 낮은 춤이라고 무시하기 마련하다. 하지만 가수 장기하 씨가 당시 발표한 〈내 사람〉 뮤직비디오의 막춤은 반응이 폭발적이었다. '아…… 춤꾼(다빈치 강민경)', '나 앨범 나오면 기하에게 안무 받을까?(엄정화)', '뮤직비디오를 왜 자꾸 보게 되는 거지(네티즌)' 등등 예찬이 이어졌다. 호랑이를 잡으려면 호랑이 굴에 들어가야 한다고 했겠다. "제가 한번 춰보겠습니다"를 외쳤다.

"시원시원하게 추네요."

"그런가요?(데헷)"

1분쯤 지나자 드디어 팔이 조금씩 말을 듣기 시작했다. 여세를 몰아 머리 위 허공을 양손으로 번갈아 찌르는 동작을 했다. 누가 가르쳐주지도 않았는데 박자에 맞춰 저절로 몸이 움직이는 것이 신기했다. 다음 동작은 팔 돌리기 동작. 양손을 '안녕' 인사하듯 접고 가슴 높이에서 돌렸다. 홍 교수는 "자신감이 붙었다"며 칭찬했다.

홍 교수가 자신감을 강조하는 데는 다 이유가 있었다. 춤은 사람의 성격이나 심리 상태와 밀접한 관련이 있기 때문이다. 무용 이론가 루돌프 라반은 춤과 심리 상태의 연관성을 분석해 '라반동작분석(LMA)' 이론을 정립했다. 그는 춤을 추는 사람이 공간을 어떻게 활용하는지, 얼마나 빨리 움직이는지, 신체의 모양을 어떻게 변화시키는지, 얼마나 세게 움직이는지 등에 주목했다.

그 결과, 그는 움직임이 세고 역동적인 사람은 자신의 욕구를 잘 표현하는 자신감이 넘치는 상태이고, 신체 모양을 적게 변형시키는 사람은 차분하고 소극적인 사람, 주어진 공간을 적극적으로 활용하는 사람은 공감 능력이 뛰어나다는 결론을 내렸다. 이는 역동적인 막춤을 추기 위해서는 '잘 못 추면 어쩌지' 하는 소극적인 마인드보다 '내가 제일 잘나가' 하는 당당한 마인드가 필요하다는 뜻이었다.

물론 자신감이 모든 걸 해결해주지는 못했다. '같은 춤 다른 느낌'

이라는 말처럼 같은 동작을 해도 내 춤은 뻣뻣하고 어색한데, 홍 교수의 춤은 매끄럽고 자연스러웠다. 막춤에도 '클래스'가 있단 말인가!

"경험의 차이죠. 오랫동안 반복 학습을 하면 몸의 신경과 근육이 박자에 반사적으로 반응하도록 만들 수 있습니다."

홍 교수의 설명을 듣고 나니 왠지 더 억울했다. 내가 기자 생활하면서 노래방 경력이 몇 년인데. 팔다리가 원하는 대로 안 움직여 그렇지, 박자와 공간 정보를 해석하는 능력, 타인의 동작을 분석하거나 따라 하는 능력은 뒤지지 않는다(고 생각했다). 홍 교수는 춤의 수준을 좌우하는 운동감각이 4~7세 때 집중적으로 발달한다고 설명했다. 춤의 기본 동작이라고 할 수 있는 회전, 팔다리 뻗기 등의 동작은 무려 4~7세에 익힌 춤이라는 뜻이다. 몸에 순간적으로 힘을 줬다가 빼는 절도 있는 운동감각 또한 어린 시절 길러진다. 전문 무용수가 되기 위해 어릴 때부터 혹독한 훈련을 받는 이유였다. 춤도 조기 교육인 더러운(?) 세상.

하지만 실제로는 몸의 근육과 뼈도 춤사위에 영향을 미쳤다. 미국의 체육과학자 셀든 박사는 체형에 따라 '맞는 춤'이 있다고 주장했다. 키가 크고 지방이 적으며 근육이 얇은 체형은 관절과 근육의 유연성이 떨어지므로 테크노댄스, 부드러운 근육 조직을 가진 뚱뚱한 체형은 운동신경이 뛰어나므로 역동적인 웨이브가 어울린다는 분석이었다. 키가 크고 뚱뚱한 나는 그럼 도대체 어떤 춤을 춰야 한단 말인가.

잠시 뒤, 나는 이런 고민이 아무런 의미가 없다는 걸 깨달았다. 막춤을 무아지경으로 추다 보니 '사람들이 왜 막춤에 열광할까?' 하는 여러 가지 생각들이 머릿속에서 깨끗이 사라졌다. 이유는 간단했다. 노래방에서, 마을 축제에서, 그리고 관광버스 안에서 사람들이 춤을 추는 건 '즐거움'을 위해서였다. 홍 교수는 "본능을 표출함으로써 카타르시스를 경험하는 것"이라고 멋지게 표현했다.

무용인류학에서 춤은 인간의 가장 본능적이고 원초적인 행위다. 무엇보다 춤은 언어가 존재하기 이전부터 최근 문명사회까지, '구애본능'을 표출하는 강력한 무기였다. 실제로 10여 년 전 영국의 과학학술지 《네이처》에는 이런 주장을 뒷받침하는 연구가 실렸다. 남성 댄서 183명이 똑같은 음악에 맞춰 춤추는 모습을 찍어 여성 115명에게 보여줬더니(얼굴 표정은 드러나지 않도록 애니메이션으로 보여줬다), 여성들은 춤을 잘 추는 남성에게 매력을 강하게 느꼈다는 것. 신기하게도 초반에 호감이 없었던 남성도 춤을 잘 추면 매력이 급상승했다.

한편 춤은 억눌린 욕구 불만이나 심리적 갈등, 불안을 해소하는 도구로써도 가치가 높다. 미국 의학계에서는 1930년대부터 실제 정신과 환자, 정신지체 및 신체장애 환자들에게 춤을 이용한 치료를 적용해왔다. 치료의 기본 원리는 춤을 통해 내 마음의 상태를 알아내는 것이다. 홍 교수는 "억눌린 감정을 찾아내 그 근원이 무엇인지 따져보고, 그것을 새로운 동작으로 표현함으로써 부정적인 감정을 바꿔나갈 수도 있다"고 설명했다.

"누나, 뭐 봐?"

그날 밤, 낮에 연습실에서 촬영한 막춤 영상을 보고 있는데 동생이 갑자기 방에 들어왔다. 황급히 동영상을 껐다.

"네가 생각하는 그런 거 아냐."

"내가 생각하는 그런 게 뭔데."

"……."

하는 수 없이 영상을 공개했다. 동생의 반응은 의외였다.

"되게 신나고 기분 좋아 보이는데?"

그 말을 듣기 전까지는 춤을 출 때 어깨가 올라가 있는 것이 긴장의 표현이고, 동작이 음악보다 반 박자씩 빠른 것은 기사를 다 못 써 마음이 급하기 때문이라고 생각하고 있었다. 그런데 동생의 말을 듣고 다시 보니 내 춤은 취재 생각은 저 멀리 안드로메다로 보내고 그저 흥 난 기자의 막춤이었다.

"너 춤 좀 볼 줄 아는구나? 에잇, 기분이다. 막춤 잘 추는 비법 알려줄까?"

"그냥 추면 되는 거 아냐?"

맞다. 그러나 그럼에도 불구하고 전문가를 졸라 막춤을 잘 추는 법에 대해 들어봤다. 1단계는 '시동 걸기'. 주변에 보는 시선, 처한 환경을 전혀 생각하지 않고 음악에만 집중한다. 집중이 되면 준비운동을 하듯 무릎이나 손을 이용해 음악의 박자를 맞추고 간단한 동작부터 시작한다. 다음으로 중요한 건 '반복'이다. 아예 새로운 동작을 하려고 생각하면 춤이 도중에 끊기고 만다. 기존에 하던 동작을 반복하면서 손목이나 머리를 이용해 조금씩 변형을 넣는다.

"마지막 비법은 '내려놓기'지. 하지만 쉬운 일은 아냐. 즉흥 춤을 소재로 한 공연 〈갓 잡아 올린 춤〉의 무용수는 이렇게 말했지. 춤을 출 때 가장 어려운 건, 멋있는 모습을 버리고 솔직하게 출 수 있는 용기를 내는 것이다."

"뭐래."

춤에 대한 철학이 없는 사람과의 대화는 참 피곤했다.

나는 왜 자꾸 커피를 쓸을까?

'커피를 링거로 맞을 수는 없을까?'

마감 때마다 생각한다. 피로와 졸음을 쫓으려면 혈중 카페인 농도를 일정하게 유지해야 하기 때문이다. 신입 때는 쓴맛만 나는 커피를 무슨 맛으로 먹나 싶었다. 그럴 때 선배들은 "네가 아직 젊구나" 했더랬다. 그땐 그저 커피 맛을 모른다는 뜻인 줄 알았다. 하지만 지금은 안다. "네가 커피를 마시지 않아도 머리가 돌아가는구나"라는 의미였다는 것을. 언제부터인가 나의 출근길은 항상 커피와 도넛과 함께였다.

"앗! 뜨거워."

그런데 또 쏟았다. 신호등 초록불이 끝나기 전에 뛰려던 것이 그만. 하여간 이놈의 커피는 쏟는 날보다 안 쏟는 날이 더 적다. 한 가지 위안은 나만 그런 게 아니라는 사실. 오죽하면 커피를 들고 걸을 때 커피를 쏟아지는 이유를 연구한 한국인이 2017년 '이그노벨상'을 받았을까. 이그노벨상은 '있을 것 같지 않은 진짜Improbable Genuine'라는 말과 노벨이 합쳐진 말로 1991년 처음 제정됐다. '괴짜 노벨상'이라는 별명처럼 익살스러운 연구들이 수상의 영예를 얻는다. 2017년 이그노벨상 생물학 부문은 벌레의 생식기를 연구한 일본 홋카이도대 연구진이 받았다. 해부학상은 나이가 들면 귀가 커지는 이유에 대한 연구가, 평화상은 호주 원주민의 전통 악기가 코골이 치료에 도움이 된다는 연구가 받았다.

커피를 쏟는 이유에 대한 연구는 유체역학 부문에서 수상의 영예를 얻었다. 미국 버지니아대 한지원 연구원은 민족사관고등학교 재학 시절 '커피를 활용한 출렁이는 액체의 동력'을 주제로 15장짜리 논문을 냈다. 한 씨는 이 논문에서 커피를 와인 잔에 담고 4Hz의 진동을 발생시키면 커피 표면이 잔잔하지만, 머그잔처럼 원통형 잔에 담고 같은 진동을 발생시키면 커피가 밖으로 튄다는 사실을 밝혔다. 앞으로는 와인 잔에 커피를 담아 마셔야 할까.

지금
몇 시야?
죄송해요.
서둘렀는데...
데헷

"지각한 주제에 커피까지?"

"앗, 아닙니다. 바쁜 현대인들이 커피를 테이크아웃 하는 일이 많지 않습니까. 왜 그때마다 커피를 쏟는지 취재하던 중이었습니다."

당황해서 둘러대는 '아무 말'은 일을 크게 만든다. 그래도 믿는 구석은 있었다. '커피를 왜 쏟는가'를 주제로 물리학자들의 연구가 꽤 많이 나와 있기 때문이다. 그중 하나는 2012년 《피지컬 리뷰》 4월 26일 자에 실린 연구다. 미국 UC산타바바라 기계공학과 루슬란 크레체트니코프 교수팀은 학회에서 사람들이 커피 잔을 들고 이리저리 움직이다가 커피를 쏟는 모습을 보면서 그 이유를 물리학적으로 분석했다. 크레체트니코프 교수팀은 머그잔에 센서를 달아 걸을 때 움직이는 머그잔의 좌표, 커피를 쏟는 순간을 기록했다. 그리고 머그잔의 지름, 커피가 담긴 정도, 사람이 걷는 속도, 걸을 때 머그잔에 주의를 기울이는 정도 등 변수에 따라 커피의 운명이 어떻게 바뀌는지 실험했다.

"그걸 꼭 실험해봐야 아나? 커피가 가득 담길수록, 주의를 기울이지 않을수록 빨리 쏟는 게 너무 당연하잖아."

데스크의 날카로운 지적에 진땀이 났다. 하지만 꿈보다 해몽이랬다. 우리는 흔히 자신이 걷는 속도가 일정하다고 생각하는데 실험에 따르면 이동 속도는 계속 바뀐다. 처음에는 빨라졌다가 서서히

안정화되는데, 그마저도 미세하게 빨라졌다가 느려졌다가를 반복한다. 수학적으로 조금 어렵게 표현하면 속도의 변화를 나타내는 가속도 값이 사인 곡선을 그리게 된다. 이 영향으로 컵은 진행 방향에 따라 앞뒤로 움직이게 되고, 커피도 같은 방향으로 흔들린다.

크레체트니코프 교수팀은 커피를 들고 걷는 사람이 커피에 얼마만큼 주의를 기울이는지에 따라 커피가 출렁이는 정도에 차이가 있다는 사실을 발견했다. 즉 주의를 덜 기울이는 사람은 움직임의 변화가 커서 커피가 많이 진동하고, 주의 깊은 사람은 움직임의 변화가 작아서 커피가 적게 진동했다. 커피가 흘러넘치는 순간은 이런 진동이 사람의 걸음 진동수와 서로 공명을 일으켰을 때였다.

진짜 해몽은 이제부터다. 연구팀은 원통형 실린더에서의 액체의 고유 진동수를 예측하는 수식을 머그잔에 적용해봤다. 그 결과 놀랍게도 지금까지 얘기한 앞뒤나 상하의 진동만으로는 커피가 쏟아지는 현상을 제대로 설명할 수 없다는 사실을 알아냈다. 앞뒤, 상하 진동 차이가 별로 나지 않는 경우에도 주의 깊은 사람에 비해 부주의한 사람이 훨씬 더 빨리 커피를 쏟았던 것이다.

"그럼 도대체 왜 쏟아지는 건데? 사람 헷갈리게."

"원인은 노이즈였습니다."

나는 의미심장하게 대답했다. 사람은 평평한 인도를 걸을 때조차도 걸음 진동수가 일정하지 않다. 그런데 심지어 속도 방지턱을 넘기도 하고, 지나가는 사람을 피하기도 한다. 이때 걸음에는 주기적인 걸음 진동수보다 훨씬 높은 진동수, 즉 노이즈가 생긴다. 노이즈는 출렁이는 커피의 고유 진동수와 공명을 일으켜 커피의 출렁거림을 확대하고 결국 흘러넘치게 만든다. 평소 커피에 주의를 기울이는 사람은 이런 노이즈에 잘 대비할 수 있다.

"결국 커피를 잘 쏟는 사람은 걸음걸이를 떠나 평소에 주의력이 부족한……."

말을 이어나가는데 순간 데스크의 옷에 있는 커피 얼룩 자국이 눈에 띄었다. 재빨리 화제를 돌렸다.

"그럼에도 넘치지 않게 하는 방법이 있습니다! 고무처럼 탄성이 있는 컵을 쓰거나, 컵 안쪽 벽에 특수 구조물을 붙여 커피의 진동을 흡수할 수 있도록 하거나……."

데스크의 얼굴이 점점 더 어두워졌다. 사실 가장 쉽고 확실한 방법은 컵을 쥐는 방법을 바꾸는 것이다. 손을 인형 뽑기 기계의 갈고리처럼 만들어서 컵의 윗부분을 쥐고 걸으면 커피의 출렁이는 진동수가 낮아져 결과적으로 덜 튄다.

혹자는 커피를 쏟는 이유에 대해서 이렇게까지 심각하게 고민할 일인가 반문할지 모른다. 하지만 위대한 과학적 발견은 평범한 일상에서 나오는 경우가 많다. 뉴턴은 나무에서 떨어진 사과를 보고 만

유인력을 생각해냈고, 아르키메데스는 목욕물이 넘치는 현상에서 밀도를 측정하는 원리를 깨달았다.

그런 의미에서 한마디 덧붙이자면, 비스킷을 커피에 어떻게 찍어 먹어야 비스킷이 부서지지 않는가에 대한 연구도 있다. 영국 브리스톨대 물리학과 렌 피셔 교수팀은 1998년 《네이처》에 「비스킷을 커피에 찍어 먹는 것에 대한 최적의 연구」라는 논문을 실었다. 그의 연구는 그해 가을 이그노벨상을 수상했다.

평소 비스킷 좀 찍어 먹어봤다는 사람은 알 것이다. 비스킷이 얼마나 잘 부서지는지. 게다가 부서진 비스킷은 커피 잔 바닥에 깔려 커피 위에 기름이 둥둥 뜨게 만든다. 피셔 교수팀은 비스킷을 수직이 아닌 수평에 가깝게 비스듬히 입수시켜야 커피에 닿지 않은 건조한 부분이 젖은 부분을 지탱할 수 있다고 설명했다. 그러면서 연구팀은 커피가 스며들어 복잡하게 확산되는 현상을 수학적으로 분석했다. 그 결과, 커피가 확산되는 데 걸리는 시간은 확산 거리의 제곱과 비례한다는 사실을 알아냈다. 즉 비스킷을 타고 커피가 4mm 올라가는 데 걸리는 시간이 5초라면, 8mm 올라가는 데에는 20초가 걸린다. 단 초콜릿이 샌드된 비스킷이라면 애초에 이런 고민을 할 필요가 없다. 초콜릿의 점성이 비스킷 조각을 붙잡아주기 때문이다. 초콜릿 비스킷을 먹어야 하는 이유가 이렇게 또 하나 추가된다.

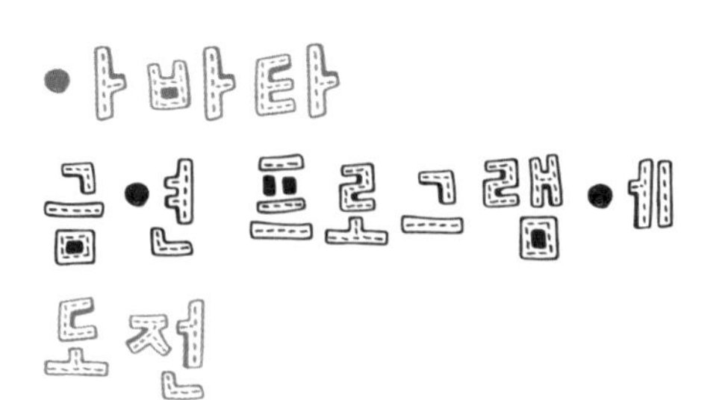

"요즘 사는 게 왜 이렇게 힘든지 모르겠다. 너도 한 대 피울래?"

친구는 맞은편에 앉자마자 자연스럽게 담배를 꺼내 물었다. 술집 안에는 담배 연기가 자욱했다. 주변 테이블에서도 전부 다 담배를 피우고 있었다. 친구는 내게도 담배를 권했다.

"아니, 나는 금연 중이라서."

나는 정중히 거절했다. 그랬더니 이 양아치가 이번에는 테이블 위에 종류가 스무 가지가 넘는 담배를 펼치며 묻는 게 아닌가!

"네가 피우던 담배가 뭐였지?"

"저거 빨간 거……."

즐겨 피우던 담배를 보니 마음이 약해졌다. 급기야 친구는 그 담배를 한 개비 꺼내 코앞에 들이댔다.

"너 진짜 안 피워? 우리끼리 있을 때 몰래 피워~"

'잠깐 딱 한 개비만 피울까?'

무심코 담배를 물려는 순간 술집과 친구가 사라졌다. 눈앞엔 평화로운 수족관의 모습이 펼쳐졌다. 심호흡을 크게 한 뒤 머리에 쓰고 있던 특수 헬멧 디스플레이를 벗었다. 서울 보라매병원 가상현실 금연치료실 내부가 눈에 들어왔다.

"리얼해도 너무 리얼한 거 아녜요? 진짜 피울 뻔했다니까요. 치료를 하시는 건지 조장을 하시는 건지……."

가상현실 금연치료 프로그램을 진행한 최정석 서울 보라매병원 신경정신과 교수에게 나도 모르게 짜증을 냈다. 좀 전에 아바타가 담배를 권할 때 입을 '움찔' 하는 장면을 그가 다 본 것 같았다. 민망했다.

가상현실 금연치료 프로그램은 세 단계로 약 30분 동안 진행됐다. 객석을 180도 둘러싼 스크린 앞 소파에 앉아 1단계로 3분 동안 마음을 안정시키는 '수족관 영상'을 봤다. 2단계에서는 20분 동안 3D 입체 영상과 음향 시스템으로 만든 '흡연 위험 상황'에 처했다. 마지막으로 다시 3분간 수족관 영상을 시청했다. 이때 손가락에 센서를 달아 단계별로 근육긴장도나 맥박, 피부 전도도 같은 생체 반응을 측정했다.

여기서 핵심은 가상현실에 놓이는 2단계였다. 체험자의 흡연 욕구를 최대한 끌어내기 위해 실제 중독치료센터에 온 환자들의 경험을 반영했다. 최 교수는 "단순히 흡연 장면을 보는 것보다 스트레스받는 상황에 놓이거나 친구가 담배를 권할 때 흡연 욕구가 더 크게 증가한다"며 "심리학과 교수에게 자문해 가상현실의 사건을 구성했다"고 설명했다. 어쩐지, 술집 벽에 붙어 있는 광고 포스터, 테이블에 올려놓은 재떨이 하나까지도 리얼하더라니.

무엇보다 참기 힘든 것은 흡연 욕구를 자꾸만 자극하는 아바타였다. 아바타는 담배 연기를 실감 나게 내뿜으면서 스트레스받는 일을 상기시켰다.

"김 부장이 얼마나 면박을 주던지, 다 때려치우고 싶더라니까."

특히 면박 주는 직장 상사 얘기는 격한 공감을 불러일으켰다. 상대는 아바타고 회사에 김 부장이 있는 것도 아닌데 마음이 울컥했다. 그 밖에 좋아하는 담배를 고르게 하거나, 직접 담배 필터를 내 코앞에 가져다 대는 행동도 자극적이었다.

기껏 금연을 결심한 사람을 괴롭히는 이유가 뭘까. 최 교수는 유혹 속에서 담배를 절제하는 법을 훈련하는 것이 목적이라고 했다.

그러나 이 방법은 자칫 금연을 실패하게 만들 수도 있다. 늦은 밤에 허기를 달래려 야식 프로그램을 보다가 결국 야식을 시켜 먹은 경험, 누구나 한 번쯤 가지고 있을 것이다. 음식과 관련된 소위 '먹방'이나 '쿡방'을 많이 보는 사람일수록 비만일 확률이 높다는 연구 결과도 있다.

수족관 영상은 이것을 막기 위한 고도의 전략이었다. 가상현실 금연치료 프로그램은 흡연 욕구가 최고조에 이르는 순간에 수족관 영상으로 넘어가게 설계됐다. 흡연 욕구는 발생한 지 5분만 지나면 사라지기 때문이다. 일부러 욕구에 반복적으로 노출시켜 욕구를 조절하도록 했다.

"여러 번 반복할수록 흡연 욕구는 줄어듭니다. 한 달 정도가 지나면 이전보다 60% 정도 흡연 욕구가 줄어드는 것을 확인했습니다."

최 교수는 가상현실 금연치료의 효과가 니코틴 보조제 같은 약물치료와 비슷한 수준이라고 강조했다. 실제로 치료 첫 회에는 대부분의 사람이 아바타를 보고 흥분한다. 이것은 환자의 근육긴장도를 보면 알 수 있다. 환자가 흡연 욕구를 느끼며 흥분하는 정도와 비례하기 때문이다. 보통 손가락 센서를 통해 근육긴장도를 측정한다.

최 교수는 금연클리닉을 방문한 환자 10명에게 매주 한 번씩 4주 동안 가상현실 금연치료를 했다. 그 결과 첫 번째 치료를 받는 동안 근육긴장도가 13μV(마이크로볼트, 1μV는 100만분의 1V)에서 최대 32μV까지 치솟았던 것이, 4회째에는 처음 5μV에서 거의 변동이 없었다. 이 중 7명은 금연에 완전히 성공했다. 굳은 의지만으로 금연에 성공할 확률(3~5%)과 비교하면 매우 높은 수치다. 연구 결과는 대한신경의학회가 발행하는 《심리연구》에도 실렸다.

'알아보니 가상현실을 이용해 금연치료만 할 수 있는 건 아니랍니다. 알코올의존증이나 고소공포증, 비행공포증 환자들에게도 도움이 되고요…….'

'그래서, 기사는 언제 줄 건데?'

"후우……."

1진 선배의 메신저 메시지를 보는 순간 내 친구 아바타가 권했던 빨간 담배 생각이 다시 났다. 기껏 열심히 취재해 와서 설명하고 있는데 사람 말을 다 듣지도 않고 말이야. 가상현실 금연치료 프로그램에 넣으면 기자들의 흡연 욕구를 쭉쭉 높일 캐릭터였다. 하지만 참았다. 배운 대로 수족관 영상을 떠올리며 한 자 한 자 눌러 적었다.

'내일 아침까지 써서 보여드리겠습니다!'

'ㅇㅋ'

정말 성의 있는 답변이었다. 인생은 훈련의 연속이라고 누가 말했던가.

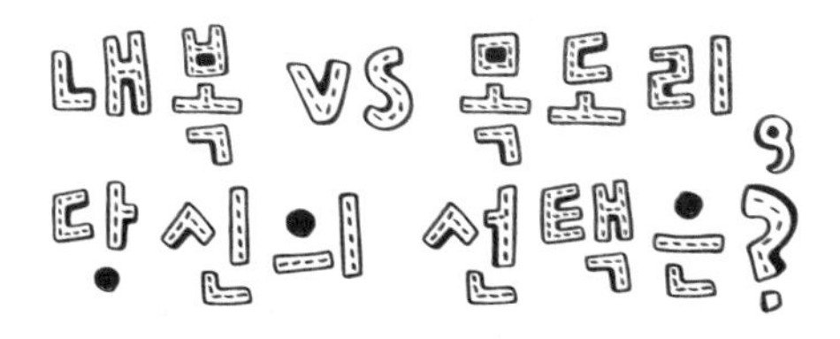

"추운데 건물 안에 들어가 있으라니깐."

"의리 없게 어떻게 그래요. 앗, 선배, 저기! 목도리 두른 사람 좀 찍어주세요!"

기록적인 한파가 몰아치면 방송 기자들은 제일 먼저 거리로 나간다. '날씨가 춥습니다. 야외 활동을 주의하세요'라는 기사를 위해 극한 야외 활동을 무릅쓴다. 영상은 1분 30초로 짧아도 촬영하는 시간은 몇 시간씩 걸릴 때도 있다. 고달프지만 날씨는 워낙 시청자들의 관심이 많은 주제이니 참는 수밖에.

그날도 카메라팀 선배 한 명과 함께 저녁 뉴스에 내보낼 날씨 영상을 촬영하는 중이었다. 기자들끼리는 이것을 '추위 스케치'라고 하는데, 요령이 있다. 두툼한 목도리, 귀마개, 장갑 등 비장의 아이템을 착용하고 나온 사람들을 찍고 인터뷰하는 것이다. 그러면 소위 '그림'이 된다. 또 사람마다 어떤 아이템을 착용하는지 비교해보는 재미도 쏠쏠하다.

"많이 추우시죠? 오늘 어떻게 대비하고 나오셨나요?"

"장갑이요. 한쪽씩 나눠 끼고 있는데 따뜻해서 좋네요."

이렇게 염장을 지르는 커플이 있는가 하면,

"목도리요. 목에서 열이 가장 많이 빠져나간다고 해서 다른 건 몰라도 목도리는 꼭 해요."

가끔은 과학적 근거(?)를 제시해 과학 기자의 호기심을 자극하는 분들도 있다.

"선배, 선배는 진짜 진짜 추운 날 목도리, 장갑, 내복 중에 딱 하나만 고르라고 한다면 뭘 고를 거예요?"

"인터뷰 하다 말고 무슨 뚱딴지같은 소리야? 있는 대로 껴입어야지."

추위에 고생한 카메라팀 선배는 퉁명스럽게 답했다. 하지만 갑자기 궁금했다. 보온력으로 따지면 무엇이 제일 따뜻할까. 급히 열화상카메라가 있는 병원을 섭외했다. 보온력이 좋다는 아이템들의 효과를 직접 열화상카메라로 확인해보기로 했다.

"내복, 나와주세요!"

오디오를 담당하는 후배가 오늘의 실험 모델이 됐다. 내복을 입기 전과 후, 옷 표면의 온도 변화를 열화상카메라로 측정했다. 심장 부근을 기준으로 쟀을 때 내복을 입지 않았을 때 온도는 21.8℃, 입었을 때 온도는 18.6℃였다. 이는 우리 몸이 3℃가량 열을 덜 발산했다는 의미다. 다시 말해 체온이 그만큼 보존됐다는 뜻이다. 높은 보온력은 어느 정도 예상한 결과였다. 내복은 우리 몸의 발열량을 20%가량 보존한다고 알려져 있다. 기본적인 원리는 땀을 흡수해서 체온이 기화열로 날아가지 않게 막는 것이지만, 최근에는 땀과 같은 수분을 흡수해서 섬유 스스로가 열을 내는 발열 내복도 제작되고 있다.

"다음은 목도리, 나와주세요."

나는 같은 방식으로 목도리, 털모자, 귀마개를 차례차례 착용한 뒤 피부 표면 온도의 변화를 열화상카메라로 측정했다. 착용 전과 후, 피부 온도 차이는 드라마틱했다. 특히 목도리를 착용한 목 부위의 온도는 착용 전과 후에 약 6℃가량 차이가 났다.

"그럼 내복이랑 목도리랑 비교하면 목도리가 더 따뜻한 거야?"

"그렇게 단정할 수는 없죠. 몸 전체의 발열량을 잰 게 아니니까."

"자고로 몸통이 따뜻해야 몸 전체가 따뜻한 거 아닌가?"

"그것도 단정할 수 없어요. 목, 발목 같은 국소부위에 칼바람을 막는 게 얼마나 중요한데요."

카메라팀 선배와 나는 끝까지 의견을 합치지 못했다. 이럴 때를 대비해서 준비한 것이 있었다. '써멀마네킹' 조사다. 우리나라 겨울철의 한파를 이기려면 보통 1.9~2.5clo(클로)의 보온력이 필요하다. clo는 보온력의 단위로, 1clo는 기온 21℃, 습도 50%의 환경에서 추위나 더위를 느끼지 않는 안정적인 상태를 뜻한다. 겨울철에 야외에서 한 시간가량 걷는다고 가정하면, 월 평균기온이 영하 2.4℃일 때는 약 1.9clo, 영하 5.9℃에서는 약 2.2clo, 영하 10℃에서는 2.5clo의 보온력이 필요하다.

의류의 보온력을 정확하게 측정하려면 써멀마네킹이라는 특수 마네킹을 사용해야 한다. 써멀마네킹은 전기를 사용해 온몸을 34~35℃ 온도로 유지하면서, 의류를 착용했을 때 같은 온도를 유지하는 데 얼마만큼의 전력이 드는지를 측정한다. 예를 들어 목도리의 보온력을 알아보기 위해서는 써멀마네킹에 목도리를 두른 뒤, 몸 전체의 온도를 34~35℃로 유지하는 데 평소보다 에너지가 얼마나 덜 드는지를 계산한다. (비싼 써멀마네킹은 마네킹 표면의 '땀구멍'을 통해 물을 땀처럼 흘려보낼 수도 있다. 써멀마네킹의 '몸값'은 3억5000만 원이 넘는다.)

"이렇게 써멀마네킹으로 분석한 결과는……."

"결과는?"

"결과는 60초 뒤에 공개됩니다!"

"에이, 뜸들이지 마!"

결과는 내복의 승리. 서울대 의류학과 연구팀의 연구 결과, 내복의 보온력은 0.21clo(상의 0.11clo, 하의 0.10clo)로 양모 재질 목도리(0.06clo), 방한모(0.05clo), 털장갑(0.03clo), 마스크(0.01clo)의 보온력을 크게 상회했다. 안감이 오리털로 제작된 후드 점퍼의 보온력이 0.43clo인 것과 비교하면 엄청난 선전이었다(불투명한 팬티스타킹의 보온력은 0.07clo로 내복 하의와 맞먹는다). 특히 우리나라 겨울철에 요구되는 보온력이 1.9~2.5clo 수준임을 감안하면 내복을 입고 코트를 걸치면 충분하다.

"그래도 나처럼 유행하는 롱패딩 하나는 입어줘야!"

"뉘에뉘에. 선배는 워낙 야외 촬영이 많으시니까. 그런데 옷을 두껍게 입는 게 무조건 좋은 건 아니라는 거 알고 계시죠?"

롱패딩이 부러워서 하는 말이 아니다. 적당한 추위에 반복적으로 노출되는 것이 면역력에 도움이 된다는 연구 결과가 실제로 있기 때문이다. 2011년 최정화 서울대 의류학과 명예교수팀은 실험 참가자에게 온도가 19℃인 인공 기후실에서 일주일에 세 번, 5주 동안 90분씩 추위를 경험하게 했다. 그 결과, 추위를 경험한 사람은 경험하지 않은 참가자들보다 교감신경이 활성화되고 균에 대한 저항성을 갖는 림프구가 증가한다는 사실을 알아냈다.

"또 옷을 지나치게 두껍게 입지 않아야 추위에 대한 적응력을 키울 수 있어요. 몸의 체온 조절 능력이 그만큼 강화되는 거죠."

나는 차가운 물에 손가락을 넣을 때를 예로 들었다. 처음에는 손가락 온도가 뚝 떨어지면서 통증이 온다. 하지만 시간이 지나면 손가락 끝의 혈관이 확장되면서 따뜻한 혈액을 피부 표면으로 끌어올려 우리 몸이 스스로 체온을 높인다. 이런 능력이 극대화된 사람이 바로 해녀들이다.

"알았어, 알았어. 그러니까 두껍게 입을수록 더 추위에 약해진다는 거지? 그런데 이 기자, 아까부터 목에 보이는 검은색 옷은 뭐야? 유X클로에서 파는 히X텍 같은데?"

"저도 아직 추위에 적응하는 중입니다만."

에이. 스타일 구겼다.

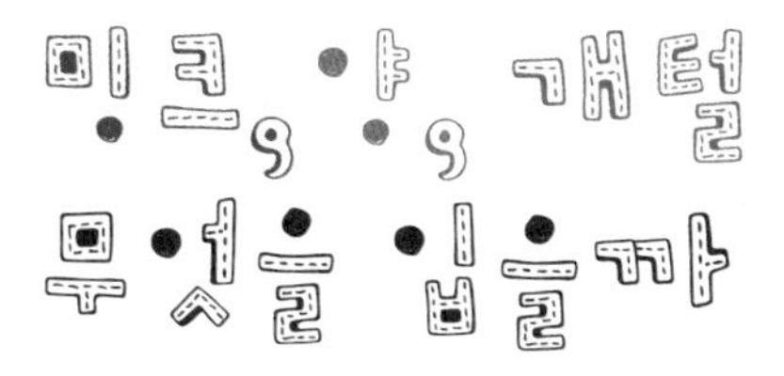

'우욱.'

문을 여는 순간 지독한 개 냄새가 풍겼다. 평소 애견인이라고 자부해왔지만 개 미용실의 악취는 견디기 힘들었다. 급히 창문 밖으로 입을 내밀고 크게 숨을 들이마셨다. 그리고 숨을 꾹 참고 바닥에 떨어져 있는 털을 쓸어 담았다. 미용대 아래로 몸을 숙이니 전날 마신 술이 목구멍에서 꼴깍거렸다. 미용대 위에 앉아 있는 요크셔테리어 한 마리가 그런 나를 불쌍한 듯 내려다봤다.

갑자기 '개고생'을 하게 된 사연은 이랬다. 때는 바야흐로 12월 혹한기, 부원들과 추위와 관련된 아이템 회의를 하던 중 '어떤 털이 가장 따뜻할까'라는 이상한 논쟁이 붙었다. 고가의 밍크털이 가장 따뜻하다는 밍크코트파와 두툼한 거위 솜털이 최고라는 구스다운파로 갈렸다.

"그까짓 거, 제가 다 비교해보겠습니다. 양털, 토끼털, 개털, 사람털도요."

"진짜로 할 수 있겠어?"

데스크가 한 번 더 물어볼 때 그만뒀어야 했다. 개털이나 거위 솜털은 그나마 구하기가 쉬웠다. 개 미용실에 가서 줍고, 다운 점퍼를 제작하는 업체에 사정사정해 얻었다. 양털은 눈 딱 감고 어그부츠 한 켤레를 희생시켰다. 사람털은 단골 미용실에서 구했다. 문제는 토끼털이었다.

"혹시…… 토끼털 버리는 부분 좀 살 수 있을까요?"

"네? 뭘 사요?"

서울 구로구에 있는 한 모피 공장의 사장은 황당하다는 반응이었다. 그래도 물러설 수 없었다. 과학 기자 특유의 진지한 눈빛으로 그에게 사정을 호소했다.

"제가 토끼털을 잘라서 개털과 보온력을 비교하는 실험을……."

"그냥 가져가세요."

토끼 가죽에 밍크 가죽 자투리까지 얻어 공장을 나서는데 기분이 묘했다. 왠지 내 실험을 믿지 않는 것 같았다. 촬영팀 선배라도 모셔 갔어야 했나. 난관은 이것이 끝이 아니었다.

"또 고장인데요? 털들이 너무 매끄러워서……."

"죄송합니다. 바리깡값은 변상할게요."

토끼털과 밍크털을 구하면 뭐하나. 깎는 작업이 고역이었다. 애견숍의 숙련된 미용사가 작업하는 데도 장장 2시간이 걸렸다. 이쯤 되니 오기가 생겼다. 실험을 하고야 말리라.

"사람 머리카락이라고요……?"

주영식 한국의류시험연구원 물리실험실 연구원은 주섬주섬 모아놓은 털들을 꺼내는 모습을 보더니 입을 떡 벌렸다. 특히 사람털에 기겁했다. 한 털 한 털 꺼낼 때마다 얻기 위해 고생한 그간의 시간들이 눈앞에 스쳐갔다. 그는 각각의 털을 베갯잇 같은 천에 똑같은 부피로 채운 뒤 본격적인 보온력 측정에 들어갔다. 온도가 섭씨 36℃로 일정하게 유지되는 철판 위에 각각의 털들이 들어 있는 주머니를 얹고, 철판의 온도가 얼마나 잘 유지되는지를 보는 실험이었다. 보통 의류의 보온력을 동일한 면적으로 측정할 때 이와 유사한 실험을 한다. 물론 개털, 사람털로 이런 실험을 한 건 연구원 역사상 처음이라고 했다.

"거위의 압승이네요."

추위엔 ? 털이 최고지~~
아냐.
내 털이 더 따뜻해~
내 털이
최고 따뜻해~
지금 여름 아니에요?
내 털이 너무 따뜻해서
계절을 모르겠지 뭐야~
너네
뭐 하니
훗~
목도리가 필요 없는
내 머리~
뉴스

거위 솜털은 섭씨 36℃ 사람의 체온과 유사한 온도를 거의 완벽하게 지켜냈다. 철판에 털을 덮었을 때 온도의 변화가 아예 없는 것을 보온 효과 100%라고 친다면, 거의 털은 94.1%의 보온 효과를 기록했다. 2위는 토끼털과 양털. 83%의 보온 효과를 냈다. 개털과 사람털은 꼴찌였다. 보온 효과가 70%로 가장 낮았다. 가뜩이나 인간은 다른 동물에 비하면 헐벗은 수준인데 실망스러운 결과였다. 물론 인간의 털은 다른 목적이 있다. 머리카락은 태양열로부터 뇌를 보호하고, 눈썹은 눈에 땀이 흘러들어 가지 않도록 막는다. 겨드랑이나 사타구니에 있는 털은 움직일 때 마찰을 줄인다. 피부에 있는 짧은 털은 다가오는 곤충을 감지한다.

"어떻게 거위가 1등이 된 거죠?"

"보온성은 털이 공기를 품는 정도에 따라 달라지거든요. 거위 솜털은 잔가지가 있어서 사이에 공기를 품는 능력이 탁월합니다."

주 연구원에 따르면 핵심은 공기였다. 공기는 지구에 있는 물질 중에서 가장 뛰어난 보온재다. 냄비 손잡이를 잡을 때 쓰는 장갑보다도 열을 전달하는 정도가 10분의 1로 적다. 그런데 털마다 이런 공기를 품는 능력이 다르다. 거위의 앞가슴 깃털 속에 들어 있는 솜털은 공기를 품기에 아주 유리한 구조다. 중심에서 가느다란 털이 사방으로 뻗어 있고 털끝에 잔가지가 또 있는 미세한 구조라 사이

사이에 공기를 머금고 자기들끼리도 얽혀서 두툼한 공기층을 만들어낸다.

반면 토끼털은 현미경으로 보면 중간에 구멍이 있는 수수깡 모양에 가깝다. 이런 털은 두께가 두꺼워 오리털만큼 공기를 품지 못한다. 털 표면이 매끄러워서 자기들끼리 뭉치기도 쉽지 않다. 한편 양털은 성질이 다른 두 가지 섬유가 꼬여 있다. 한 섬유는 다른 섬유보다 수분을 잘 흡수한다. 그래서 양털은 수분을 흡수한 섬유가 팽창하며 바깥쪽으로 빠져나와 돌돌 말린 모양이 된다. 이것을 수천, 수만 가닥씩 모으면 따뜻한 실을 만들 수 있다.

"실험 결과, 밍크 털보다 거위 솜털이 과학적으로 더 따뜻하다고……."

"밍크는 가죽을 제거했으니 반칙 아닌가?"

고가의 밍크코트를 소지한 밍크파들은 결과를 받아들이지 못했다. 그들의 말도 일리는 있었다. 이건 어디까지나 털을 비교한 결과니까. 사실 가죽은 모피의 보온력을 높이는 매우 중요한 요소다. 외부로부터 바람을 완전히 차단하는 역할을 한다. 그리고 '거위 솜털'의 1위 자리도 언제 내놓게 될지 모른다. 비공식적이지만 일반 거위 솜털보다 더 따뜻한 털이라고 알려진 털이 있다. 아이슬란드와 그린란드 해안에 사는 '아이더 덕'의 털이다. 아이더 덕은 보통 5월 중순

쯤 사람의 손길이 닿지 않는 해안 절벽에 둥지를 트는데, 이때 암컷이 자신의 가슴에서 솜털을 뽑아 둥지를 만든다. 따라서 아이더 덕의 털은 새끼가 둥지를 떠난 뒤에야 손으로 겨우 채취할 수 있다. 연간 2000kg 이상 채취가 금지돼 희소성이 크다. 아이더 덕의 솜털은 길지는 않으나 가지 털이 곱슬곱슬하다. 솜털끼리 잘 뭉쳐 단열 기능이 뛰어난 것은 물론이고 압축했을 때 다시 부풀어 오르는 탄력도 뛰어나다. 시중에 판매되는 아이더 덕 점퍼가 진짜 아이더 덕의 털을 얼마나 포함하고 있을지는 미지수지만, 갖고 싶다. 너란 녀석.

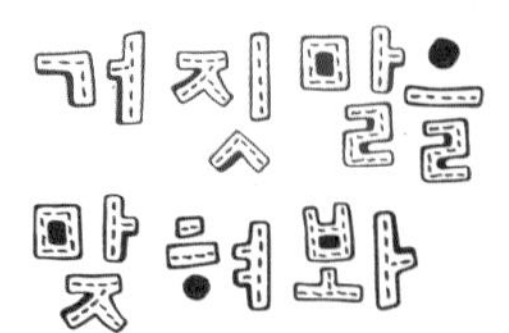

“1번, 저는 회사에 다니는 것이 행복합니다.”

“에이, 거짓말.”

“맞혀보세요. 찍지 마시고.”

“딱 봐도 거짓말이지. 표정까지 봐야 아나?”

“2번, 저는 술을 거의 먹지 않습니다.”

“에이, 어디서 되도 않는 뻥을.”

만우절을 앞두고 지금은 《한겨레 21》에서 활약하고 있는 후배 변지민 기자와 거짓말 알아맞히기 내기를 했다. 변 기자는 당시 거짓말을 주제로 기획기사를 준비하면서 거짓말 잘하는 비결을 취재하고 있었다. 그는 진실과 거짓을 말할 때 얼굴에 표정 차이가 나타난다고 했다. 동영상으로 찍어 확인해보기로 했다.

"거 봐요. 티가 나잖아요."

"정말이네? 이거 일부러 그런 거 아니고?"

보면서도 믿을 수 없었다. 신기하게도 변 기자는 거짓을 말할 때 습관처럼 입꼬리를 살짝 내렸다가 다시 올렸다. 그리고 눈을 자주 깜빡였다. 처음에는 일부러 하는 것이 아닐까 의심도 했다. 하지만 자각하고 짓는 표정이라기엔 너무 순간적이고 미세하고 또 자연스러웠다. 범죄심리학 분야의 세계적인 석학 폴 에크만은 이런 변화를 미세표정이라고 불렀다. 미세표정은 어떤 감정을 느낄 때 0.2초 만에 나타났다가 사라진다. 미국에서는 그의 연구를 소재로 드라마 〈내게 거짓말을 해봐Lie to me〉도 나왔다. 드라마에서 주인공은 코를 찡그리고(혐오감), 턱을 들어올리는(화남) 작은 동작으로 범죄자를 추적해나간다.

변 기자는 "결국 거짓말을 잘하는 첫 번째 조건은 미세표정을 잘 감추는 것"이라며 "역으로 미세표정을 잘 알아차리면 상대의 마음을 읽을 수도 있다"고 말했다. 멋진 논리였다. 하지만 머리로 아는 것과 실제 행동은 별개인 듯했다. 아까부터 "회사에 다니는 것이 행복합니다"라는 말을 할 때마다 눈을 심하게 깜빡이고 있지 않은가.

저는 회사를 다니는 것이 너무 행복합니다.
뉴스
딱 봐도 거짓말이네

"그래도 눈동자는 안 흔들리네?"

흔히 거짓말을 하는 사람은 상대의 눈을 똑바로 쳐다보지 못한다고 한다. 당황할 때 눈동자가 요동치는 현상을 '동공 지진'이라 표현하기도 한다. 그러나 그는 달랐다. 그가 타고난 거짓말쟁이라서는 아니었다. 일반적으로 사람들이 거짓말인지를 볼 때 주목하는 동작, 즉 안절부절못하는지, 물건을 만지작거리는지, 눈을 제대로 못 맞추는지, 말을 장황하게 늘어놓는지 등이 실제 거짓말 여부와는 아무 관련이 없기 때문이다.

거짓말로 인해 나타나는 신체 변화 현상 중 가장 신뢰할 만한 것은 호흡, 피부 전도반응(식은땀 등), 혈압, 맥박 등이다. 거짓말을 하면 우리 몸은 평소와 다른 여러 가지 반응을 보인다. 호흡과 맥박이 빨라지고 혈압이 오른다. 거짓말탐지기는 이것들을 동시에 측정하는 '폴리그래프' 장치다. 과거에는 거짓말탐지기의 결과를 100% 신뢰할 수 없다는 주장이 많았지만 최근 들어서는 거짓말탐지기가 법정 증거로 채택되는 경우가 늘고 있다(재판에서 유죄를 입증하는 단독 증거로 채택되지는 못하지만 유죄를 지지하는 진술이나 간접 증거가 있는 상황에서는 거짓말탐지기 검사 결과가 큰 역할을 하기도 한다).

가까운 미래에는 뇌 활동을 측정해 거짓말 여부를 알아낼 수 있지 않을까. 사람이 친숙한 것과, 새로운 것을 볼 때는 뇌 반응이 다르기 때문이다. 영화에서 용의자에게 피해자 사진을 보여주며 "이 사람 알아요?" 질문을 던지는 장면을 쉽게 볼 수 있다. 고도로 숙련된 정보 요원들은 낯빛 하나 변하지 않고 "모른다"고 잡아뗀다. 그러나 뇌파 측정기나 기능성자기공명영상(fMRI) 장치로 뇌의 반응을 분석하면 이런 고도의 거짓말까지 잡아낼 수 있을지 모른다.

"거짓말이 없다면 인류는 절망과 지루함으로 죽어버릴 것이다."

프랑스의 작가 아나톨 프랑스는 《꽃피는 삶》에서 이렇게 말했다. 재치 있는 거짓말은 팍팍한 삶에 활력소가 되기도 한다. 개인적으로 특히 기억에 남는 거짓말은 2014년 만우절 소셜커머스 티켓몬스터가 출시한 '우주여행 패키지' 상품이다.

"여행을 돈 있는 사람만 가나요? 평생 벌면 되니까, 일단 구입하세요. 월 43만 원씩 20년만 내면 됩니다."

티켓몬스터는 당시 10억432만 원짜리 달 6박 7일 여행상품을 비롯해 화성, 금성, 수성으로 향하는 전 세계 최저가 우주왕복항공권을 팔았다. 설명도 그럴듯했다.

'미국 애리조나 스페이스 센터 이용, 유류할증료 2400만 원, 허블 망원경 체험과 우주 유영 3시간 체험은 옵션, 우주식 무한리필 가능(전주비빔밥 추가)……'

과학 기자들은 여기에 '홀랑' 넘어갔다. 전기자동차 회사 테슬라의 최고경영자(CEO) 엘론 머스크가 민간인 대상 우주여행 프로젝트 '스페이스 X'를 실제로 추진하고 있었기 때문이다. 그 이후의 일이지만 아마존의 CEO 제프 베조스도 민간 우주 업체 '블루 오리진'을 설립했고, 2018년에 첫 민간 우주인을 탄생시킬 예정이다. 이런 분위기 때문인지 '낚인' 사람이 22만8000명이 넘었다. 그래도 상품 페이지에는 욕 대신 이런 댓글이 달렸다.

"달 현지식으론 '토끼님의 떡갈비'가 젤 좋았어요. 꼭 가보세요^^."

"와이프 생일이 다음 달인데 큰맘 먹고 보내주려고요. 편도는 없나요?"

세계적인 IT 회사 구글도 매년 기발한 거짓말을 선보이고 있다. 2013년 4월 1일에는 냄새 검색이 가능한 '구글 노즈google nose' 베타서비스를 발표해 전 세계인들이 컴퓨터 앞에서 '킁킁'거리게 만들었다. 2015년에는 구글맵을 팩맨 게임으로 바꿀 수 있는 '팩 맵'을 공개했고, 2017년에는 비가 많이 내리는 네덜란드에서 전국 1만 1000여 개 풍차를 기계 학습시켜 먹구름을 몰아낼 수 있는 기술인 '구글 윈드google wind'를 발표했다. 이쯤 되면 거짓말이 최고의 지적 능력이라는 말에 동의하지 않을 수 없다. 내년에는 나도 도전해볼까?

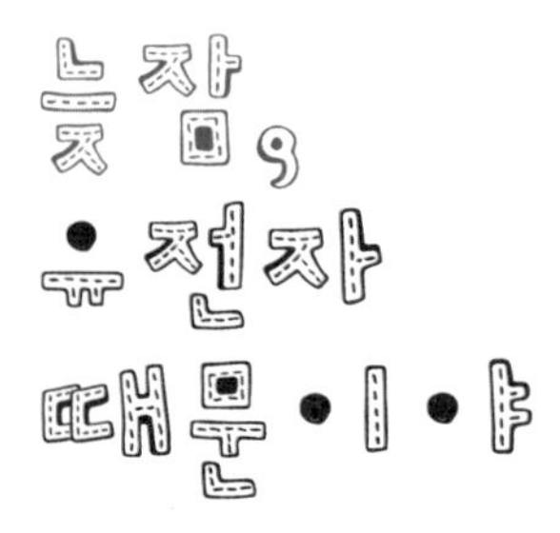

아침 8시, 침대에서 튕기듯 일어났다. 느낌이 싸늘했다.

'부재중 통화 32통.'

아니나 다를까, 휴대전화는 불이 난 뒤 이미 재가 된 상태였다.

"주무셨어요?"

출연하기로 했던 새벽 라디오 프로그램의 작가는 차갑게 물었다.

"죄송해요. 그렇지만……."

입이 열 개인들 무슨 말을 하겠느냐만 한편으론 억울하기도 했다. 일부러 전날 술도 안 마셨고, 일찍 잤고, 알람도 10개나 맞춰놨단 말이다. 난 왜 이렇게 잠이 많은 걸까.

"5시에서 6시 사이에 일어나는 것 같아요. 새벽기도를 하거나 운동을 하고 출근해요."

그런 내게 직장인 박다혜 씨는 너무나 비현실적인 캐릭터였다. 20대 젊은 양반이 새벽 5시 기상이라니. 그를 찾아간 것은 학술지 《분자정신의학》에 실린 늦잠과 유전자의 상관관계에 대한 연구 결과 때문이었다. 유럽 공동 연구팀이 유럽인 4251명을 대상으로 수면 시간과 유전자의 연관성을 분석했는데, 'ABCC9' 유전자에 특별한 변이가 있는지 없는지에 따라 수면 시간이 30~60분가량 차이가 났다. ABCC9 유전자의 변이 유형이 AA 유형인 사람은 대체로 수면 시간이 길었고, AG 유형은 AA형보다 짧았고, GG 유형은 가장 짧은 수면 시간을 보였다.

이 연구 결과를 한국인에게도 적용해보고 싶었다. 평소 자신의 수면이 남들에 비해 짧거나 길다고 느끼는 참가자 20명을 모집해 그들의 유전자를 분석했다. 분석 대상은 ABCC9 유전자를 비롯해 수면과 관련 있다고 알려진 유전자 부위 11곳. 분석은 테라젠바이오연구소에 의뢰했다.

그 결과 새벽 기도로 나를 놀라게 했던 다혜 씨는 논문에서 제시한, 전형적인 수면 시간이 짧은 사람의 유전자 유형을 가지고 있었다. 반면 20명 중 전형적인 늦잠 유전자 유형인 조우양 씨는 실제로도 평일 수면 시간이 8시간, 주말 수면 시간이 10시간이나 됐다. 이런 사람은 아무리 수면 시간을 줄이려고 애써도 피곤해질 뿐 적응이 잘 안 된다. 직접 실험에 참여하지는 않았지만 나의 유전자도 분명 늦잠 유전자 유형일 것이다.

"지금 몇 시야?"

"아, 제 유전자가 원래 잠이 많은 유전자라……."

"일찍 자면 될 거 아냐."

"……."

그러나 회사 데스크에게는 유전자 핑계가 통하지 않았다. 불을 끄고 누워도 잠이 안 오는 걸 어쩌나. 다음 날 뭐 쓰나 하는 걱정에 잠을 설치는걸. 억울한 건 일찍 자고 일찍 일어나는 생활 패턴도 결국 유전자에 기인한다는 점이다.

사람이 언제 잠들고 언제 깰지는 체내에서 시계 역할을 하는 'per' 'tim' 'clock' 'cyc' 4개의 유전자가 담당한다(per는 시기를 뜻하는 period, tim은 영원하다는 뜻의 timeless, cyc는 주기를 나타내는 cycle의 줄임말이다). 이것들은 복합적으로 작용하며 사람의 생활 패턴을 결정한다. 좀 더 정확히는 각각 'PER' 'TIM' 'CLOCK' 'CYC' 네 개의 단백질을 만들어내고, 이 네 가지 단백질들이 많아졌다가 적어졌다가를 반복하면서 우리 몸의 생활 패턴을 만든다.

PER과 TIM 단백질은 우리 몸에서 각성 효과를 일으킨다. 보통 오전 6시부터 단백질량이 점점 증가하다가 정오부터 낮아지기 시작하고, 오후 3시에 가장 적다. 항상 그맘때 낮잠 생각이 간절한 이유다. 이후에는 조금씩 다시 높아져 밤 9시에 최고점을 찍고 다시 양이 줄어든다. 그러면 잠자리에 들게 된다.

CYC와 CLOCK 단백질은 per, tim 유전자를 활성화시켜 PER와 TIM 단백질이 만들어지게 하는 역할을 한다. PER와 TIM 단백질은 너무 많이 만들어지면 스스로 per, tim 유전자의 활성을 억제한다. 이렇게 생체시계를 구성하는 유전자들이 고리처럼 맞물려 돌아가는 패턴은 사람마다 조금씩 다르다. 저마다 다른 24시간 생체리듬을 갖고 있는 셈이다. 2017년 노벨 생리의학상은 생체시계 유전자를 발견하고, 이들 유전자의 작동 원리를 알아낸 세 사람에게 돌아갔다.

"아이고 깜짝이야. 불은 좀 켜놓고 계시죠."

"어쩐 일로 일찍 왔네?"

다음 날은 벼르고 출근 시간을 2시간 앞당겼다. 그런데 아무도 없을 줄 알았던 사무실엔 이미 데스크가 나와 있었다. 도대체 언제 출근을 한 건지 모르겠지만 (설마 퇴근을 안 한 것일까?) 해도 덜 떴는데 커피까지 내려 마시면서 말이다.

'알고 보니 per 유전자 돌연변이셨군.'

그냥 하는 말이 아니었다. 인간뿐 아니라 식물, 박테리아까지 지구상의 생명체는 대부분 24시간 주기의 생활 패턴을 가지고 있다. 태양의 규칙적인 환경 변화가 생명체의 생존과 진화에 결정적인 영향을 미쳐왔다는 증거다. 인간의 경우 뇌 속에 작은 시신경교차상핵(SCN)에서 빛을 인식하는 망막세포의 신호를 받아 생체시계 역할을 하는 유전자들을 조절한다.

그런데 이런 유전자들에 돌연변이가 생기면 그동안 오랫동안 유지해온 생체리듬의 주기성이 달라져버린다. 가령 PER과 TIM 단백질이 보통은 오전 6시부터 정오까지 증가하는데, 이것이 오후부터 높아져 저녁 6시쯤에 정점을 찍는 것이다. 올빼미형 같은 독특한 생활 패턴이 나타난다. 반면 PER 단백질이 새벽부터 너무 빨리 증가하면 새벽형 생활 패턴을 갖게 된다.

"영혜 씨, 정신 차려요!"

새벽형 생활 패턴을 무리해서 흉내 낸 대가는 가혹했다. 점심시간에 밥을 먹으면서 숟가락을 떨어뜨릴 뻔한 불상사가……. 컨디션도 엉망이었다. 평소 같으면 밥그릇까지 먹어 치울 점심시간인데 배가 고프지 않았다. 생체리듬이 호르몬 분비, 대사작용, 인지능력, 체온과 혈압 조절과 관련된 모든 세포의 시계를 동기화하는데, 이날만큼은 망가져버렸기 때문이다. 이러니 올빼미형 사람들은 회사 다니기가 오죽 힘들까. 불규칙한 교대근무를 하는 사람들도 생체리듬이 교란되는 부담이 몸에 계속 쌓인다. 건강을 잃을 수도 있다.

"저 한숨만 자고 오겠습니다."

"뭐라고?"

"저 이러다 단명할지도 몰라요. 오래오래 기사 써야죠."

나는 초파리 연구이지만 평균 수면 시간을 충족시키지 못하면 반대급부로 수명이 단축되는 경우도 많다는 점을 적극 어필했다. 데스크는 결국 나의 낮잠을 허했다. 생각해보니 지각하지 않겠다며 월요일부터 금요일까지 매일 수면 시간을 한 시간 반씩 줄였다. 7시간 반 못잔 잠은 고스란히 빚으로 남았다. '빚진 잠'을 주말에 털어버리기도 쉽지 않았다. 원래 자야 하는 시간에 빚진 시간까지 합쳐 하루에 15~16시간을 내리 자야 하는데 각성 효과를 내는 유전자들이 가만 놔두지 않았다. 이러니 매일 아침 늦잠을 잘 수밖에. 탄력근무제 도입이 시급하다.

냉장고를
부탁해,
영혜씨

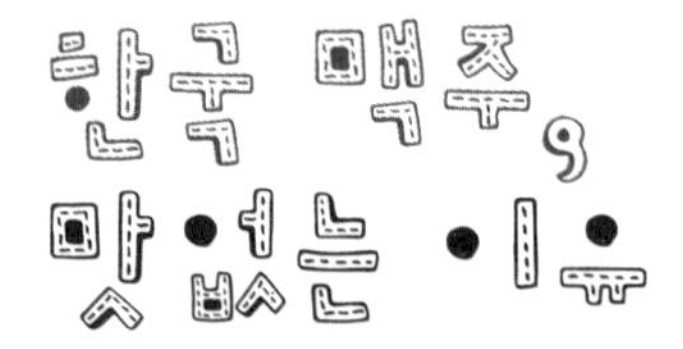

"한국 맥주 자체가 좀 밍밍하다고 생각합니다. 소주와 섞으면 맛있게 먹을 수 있긴 한데……."

당시 영국 잡지《이코노미스트》기자였던 다니엘 튜더 씨의 분석은 날카로웠다. 말투는 어눌했지만 내용엔 뼈가 있었다. 그는《이코노미스트》에 '한국 맥주가 북한의 대동강 맥주보다 맛이 없다'는 혹평을 실었다. 이유가 도대체 무엇인지 궁금했다. 북한의 맥주 맛이 궁금하기도 했다. 광화문 사옥에서 만난 그는 북한 맥주가 엄청나게 맛있다기보다는 한국 맥주가 진짜로 '맛이 없는(無맛)' 게 가장 큰 이유라고 설명했다.

'가장 맛있는 맥주를 골라주세요~'

이대로 한국 맥주의 자존심을 굽힐 수 없었다. 잔뜩 약이 오른 나는 기사를 핑계로 대낮에 광화문 사거리에서 맥주 시음 평가를 진행했다. 한국과 독일, 일본에서 각각 생산한 라거 맥주를 동일한 종이컵에 담아 시민 100명에게 물었다. 마침 날이 무더워 부스는 문전성시를 이뤘다.

"2번 맥주가 맛이 더 깊은 것 같아요."

"2번 맥주가 톡 쏘는 맛이 강해서 맘에 들었습니다."

사람들이 맥주를 고르는 기준은 저마다 달랐다. 하지만 대부분 2번 맥주를 골랐다. 일본의 아사히 맥주였다. 집계 결과 일본 맥주를 고른 사람은 전체의 약 50%나 됐다. 독일 맥주를 고른 사람은 35%, 한국 맥주를 고른 사람은 15%에 불과했다. 이쯤 되니 한국 맥주를 고른 이유가 오히려 궁금해졌다.

"시원하고 가벼워서요."

결국 싱겁다는 뜻이었다.

"외국은 홉을 많이 써서 쓴맛이 강하게 제조하기 때문에, 소비자들에게 국내 맥주가 상대적으로 싱겁게 느껴질 수밖에요."

양조학을 전공한 정철 서울 벤처대학원대학교 교수는 당연한 결과라고 설명했다. 도대체 쓴맛이 얼마나 차이가 나기에. 알아보니 국내 맥주는 9~12BU(Bitterness Unit), 일본 맥주는 15~18BU, 독일 맥주는 15~25BU 정도다.

맥주의 쓴맛을 좌우하는 원료는 두 가지다. 주원료인 맥아와 앞서 말한 홉. 맥주는 맥아즙을 끓이면서 뽕나뭇과 식물인 홉 열매를 첨가한 음료다. 이 과정에서 홉의 알파산 성분이 이소알파산으로 변해 맥주 특유의 향과 쓴맛을 낸다.

또 맥주의 쓴맛은 속에 든 알코올 때문이기도 하다. 맥아를 물과 섞어 60℃ 이상에서 당화 작업을 한 뒤, 식혀서 효모를 투입하면 알코올 발효가 진행된다. 맥아 속 아밀라아제가 맥아의 당분을 효모가 먹기 좋게 분해하면, 효모가 이산화탄소와 알코올로 분해시킨다. 발효가 진행될수록 단맛이 줄고 쓴맛이 강해진다.

"맥아 함량은 거의 따라왔다고 봐야 해요."

정 교수는 국내 맥주가 싱거운 게 확실히 맥아 탓은 아니라고 했다. 과거에는 원가 절감을 위해 원료에 맥아, 즉 보리를 적게 사용하고 대신 옥수수 전분과 밀 전분을 많이 사용했는데 지금은 그러지 않기 때문이다. 국내 맥주 중에서도 맥아 함량이 100%인 맥주가 많다. 클XXX, 맥X, XX프리미엄…… 이런 맥주들은 당당하게 라벨 디자인부터 황금색을 쓴다. 결국 차이는 홉이었다.

"우리나라는 왜 홉을 충분히 넣지 않는 거죠? 원가 때문 아닌가요?"

"한국인들이 외국인들에 비해 쓴맛을 안 좋아해요. 홉을 많이 넣을 수가 없는 거죠."

맙소사. 한국인이 쓴맛을 안 좋아한다니. 뭔가 평균의 오류가 있는 듯했다. 쓴맛의 차이는 거품의 차이로도 이어진다. 거품 역시 맥주의 맛을 좌우하는 중요한 요소다. 특히 일본에서는 집착이라고 할 만큼 부드러운 거품을 중요시한다. 거품을 잘 내기 위한 기계가 따로 있고, 따르는 방법도 별도로 연구한다. 그럴 만도 하다. 실제로 '맛'이라는 추상적 표현에는 미각세포가 느끼는 진짜 '맛' 외에, 혀가 느끼는 여러 가지 물리적 촉감까지 포함돼 있다. 거품의 가벼운 맛, 부드러운 맛, 폭신한 맛은 맥주 맛을 배가시킨다. 국내에서 한때 크림 생맥주가 유행했던 것도 같은 이유다.

거품은 효모가 당분을 발효하며 내놓은 이산화탄소에 의해 만들어진다. 맥주를 잔에 따르면 녹아 있던 이산화탄소가 거품으로 살아난다. 보통 한 잔에 0.3~0.4%의 이산화탄소가 포함돼 있다. 액체에 기체가 섞여 있는 불안정한 상태라 그냥 두면 쉽게 꺼진다. 그러나 거품이 좋은 맥주는 맥아의 단백질과 홉의 단백질이 거품을 붙잡아두는 역할, 즉 액체와 기체가 섞이도록 돕는 계면활성제 역할을 한다. 맥주 특유의 쓴맛이 강할수록 거품 유지력이 높은 셈이다.

"그래 봤자 큰 차이가 있을까요?"

"제가 한번 보여드릴게요."

백문이 불여일견. 정 교수는 홉이 많이 들어 있는 수입 맥주와 국내 맥주의 거품 유지력이 얼마나 다른지 직접 보여주겠다고 했다. 실험은 광화문의 모 세계맥주전문점에서 이뤄졌다(매일 밤 3차로 걸어 들어가서 기어 나오는 단골 맥줏집이었다). 취재팀은 동일한 잔에 국내 맥주와 수입 맥주를 따르고 거품이 꺼지는 데 걸리는 시간을 측정했다. 균일한 실험 조건을 위해 모든 맥주는 숙련자인 정 교수가 따랐다. 거품과 맥주의 비율은 2 : 8이었다.

'큐!'

순간 촬영장엔 긴장이 감돌았다. 다들 숨죽여 맥주 표면에 기포가 사라지는 찰나의 순간을 기다렸다. 그 결과는,

'국내 맥주 35초, 수입 맥주 1분 5초.'

반전은 없었다. 수입 맥주의 거품 유지 시간은 국내 맥주의 2배가량 길었다. 번외 경기로 일반 수입 맥주와 수입 흑맥주를 비교했더니 이번엔 흑맥주가 거품 유지력이 더 좋았다. 이산화탄소 대신 질소를 충전한 흑맥주는 거품이 조밀해 마치 크림 같았다.

"거품이 많게 따르는 방법은 어렵지 않아요. 낙차를 크게 주면 되니까요."

정 교수는 거품은 양이 중요한 게 아니라고 덧붙였다. 무조건 세

게 따르면 거품이 거칠고, 속에 든 이산화탄소가 금세 빠져나가 버리기 때문이다. 시중에 판매하는 크림 생맥주가 사실 이런 김빠진 맥주다. 진짜 전문가는 맥주를 천천히 따르고 맥주 거품이 조밀해질 때까지 5분 동안 안정화 단계를 거친다. 성격 급한 한국인들에겐 너무 긴 시간이다. 어쩌겠나. 기다리는 자에게 거품이 있나니. 좀 어색하지만 주문을 바꿔본다.

"사장님 여기 500 한 잔 '천천히' 주세요."

"언니, 언니네 집 냉장고 잠깐만 촬영해도 돼?"

방송 기자로 일하면 종종 어이없는 부탁을 하게 된다. 가령 주의력결핍 과잉행동장애가 주제라면 환자 엄마를 붙들고 뒷모습만 좀 촬영하면 안 되겠느냐고 몹쓸 사정을 해야 한다. 개를 키우면서 층간 소음으로 다툼이 생기면, 개 주인을 찾아가 촬영 때문에 그러니 개가 조금만 더 크게 짖게 해줄 수 없느냐고 부탁한다. 불난 집에 부채질이 따로 없다.

냉장고 공개는 그중에서도 가장 어려운 부탁에 속한다. 어느 집이나 냉장고가 있지만 오늘 아침 내가 어떤 김치를 먹었는지까지

전 국민 앞에 '방송'하고 싶은 사람은 아무도 없기 때문이다. 티브이 프로그램 〈냉장고를 부탁해〉는 정말 연예인이니까 가능한 것이다. 그날도 결국 친한 언니에게 SOS를 쳤다. 냉장고 세균에 대한 기사라는 말은 차마 할 수가 없었다.

"아는 언니라고 했지? 엄청 부지런하신가 봐. 냉장고가 깨끗해."

"어? 그러면 안 되는데?"

촬영팀 선배의 말처럼 냉장고 안은 깔끔했다. 김치를 비롯한 각종 밑반찬은 가지런히 반찬통에 담겨 있었고, 먹다 남은 식빵도 밀봉된 상태였다. 사온 지 얼마 안 된 과일들이 포장이 안 된 채로 선반 위에 놓여 있긴 했지만 신선해 보였다. 온도도 적당했다. 실온보다 훨씬 낮은 10℃ 이하였다. 이런 환경에서는 음식이 잘 상하지 않는다. 효소의 활성도가 낮고 미생물도 증식하기 어렵기 때문이다.

이럴 땐 방송 기자로서 마음이 혼란스럽다. '나를 위해 기꺼이 치부를 드러내준 언니의 냉장고가 깨끗해서 다행이다. 시어머니가 보셔도 문제없겠네' 하는 천사 같은 마음과 '기껏 전문가까지 모셔서 왔는데 냉장고가 이렇게 깨끗하면 말짱 꽝이잖아. 방송 나간다고 일부러 치운 거 아냐?' 의심하는 악마 같은 마음이 공존한다.

어쨌든 칼을 뽑았으니 무라도 썰어야겠지. 마음을 다잡고 조사를 시작했다. 함께 간 녹색식품안전연구원 연구원이 면봉으로 선반의 표면을 살짝 긁어 이동식 세균 측정기에 넣었다. 화면의 숫자가 오르락내리락했다. 몇 초 뒤 '738RLU(알엘유, 오염도 측정 단위)'라는 수치가 떴다.

'앗싸!' 검사 결과에 나는 속으로 쾌재를 불렀다.

"보기보다 청결하진 않네요."

연구원이 순화해 말했지만 738RLU는 사실 심각한 수준이었다. 공중위생 기준치가 400RLU인데 그보다 2배가량 더럽다는 뜻이니 말이다. 우리는 혹시 몰라 언니네 집 화장실 변기의 오염도도 조사했다. 변기의 세균 오염도는 405RLU. 역시 예상대로 냉장고보다 깨끗했다.

시료를 채취해 실험실에서 분석한 결과는 더 충격적이었다. 시료 1mL에서 독소를 만들어내는 진균, 즉 곰팡이가 60군집이나 검출됐다. 푸른곰팡이는 10℃ 이하의 낮은 온도에서도 빠르게 번식한다. 공기 중에 날아다니다가 포장이 되지 않은 음식에 앉으면 포자를 형성해 번식한다. 과일이나 채소를 신선한 상태로 넣었다고 하더라도 밀봉 상태가 아니라면 그대로 먹어서는 안 되는 이유다.

물론 2주에 한 번씩 냉장고를 청소하면 이런 문제를 대부분 해결할 수 있다. 곰팡이가 번식하는 데는 대략 15일이 걸리기 때문이다. 하지만 바쁜 현대인들에게 쉽지 않은 미션이다. 나만 해도 최근 2년

깔끔 깔끔
사실 곰팡곰팡
저 정도면
변기가 더
깨끗하겠네
으..
세균 봐..

동안 냉장고 청소를 한 기억이 없으니 말이다. (너무 심했나?)

"그러니까 냉장고 문이나 선반만이라도 꼼꼼하게 닦아. 외부 음식을 많이 넣는 부분이라 온도가 높고 습기가 많아서 곰팡이가 특히 좋아한대."

"……."

"언니, 내 말 듣고 있어?"

기사가 나간 날, 나는 언니에게 실험 결과를 이실직고하며 전문가의 당부를 전했다. 언니는 결과에 충격을 받았는지 현실을 받아들이지 못했다. 급기야 냉장고가 더러운 것이 아니라, 변기가 깨끗한 것이라며 우기기 시작했다. 큰일이다. '앞으로 음식은 냉장고가 아니라 변기에 보관하라'는 악플을 언니가 보지 않아야 할 텐데.

잠시 뒤 이성을 찾은 언니는 어차피 오래 먹는 음식은 냉동실에 꽝꽝 얼려 보관하기 때문에 걱정하지 않아도 된다고 스스로를 위안했다. 그러고 보니 언니네 냉장고도 여느 집처럼 냉동실이 가득 차 있었다. 평소에 냉장고를 잘 정리하는 사람도 냉동실 관리는 상대적으로 소홀한 경우가 많다. 온도가 영하 18℃로 낮은데 설마 세균이 번식할까 생각하는 것이다. 유통기한에 민감한 사람도 냉동실에 1년 넘게 보관한 식품을 아무렇지도 않게 녹여 먹는 것을 보면 가끔 신기할 때가 있다.

나는 언니에게 실험실에서 세균의 생장을 정지시켜 보관하는 온도가 영하 70~80℃라는 말을 굳이 하지 않았다. 이미 너무 많은 잔소리를 한 상태였다. 하지만 세균이나 바이러스 중에서도 추위에 강한 놈들이 있다는 건 꼭 기억해야 할 사실이다. 대표적인 예가 겨울철에 유행하는 노로바이러스다. 이 바이러스는 심지어 추울수록 더 오래 산다. 냉장실에서는 약 2개월가량, 냉동실에서는 수십 년까지도 생존할 수 있다. 식중독을 일으키는 장염 비브리오균, 리스테리아균 역시 추위를 잘 버틴다. 마트에서 음식을 사오는 동안 이런 균들이 번식했다면, 냉장고 안에 넣어도 죽지 않고 그대로 남아 있다.

'띵!'

기사가 나가고, 저녁 식사는 기분 좋게 '냉동실 파먹기'를 했다. 하루 전날 냉장실로 옮겨 놓은 떡갈비를 전자레인지에 넣고 돌렸다. 경쾌한 소리가 나면서 육즙과 식감이 일품인 떡갈비 요리가 완성됐다. 옛날 같으면 빨리 먹겠다고 상온에 꺼내놓거나 뜨거운 물에 담갔겠지만 나도 참 많이 달라졌다. 아무리 차가운 식품이라도 상온에서 2~3시간 이상 방치하면 세균 수가 급격히 늘어날 수 있다는 사실도 알고. 먹다 만 통조림으로 각종 곰팡이를 사육하던 냉장실도 싹 치웠다. 이 모든 게 언니의 숭고한 희생 덕분이다. 이 자리를 빌려 감사드린다.

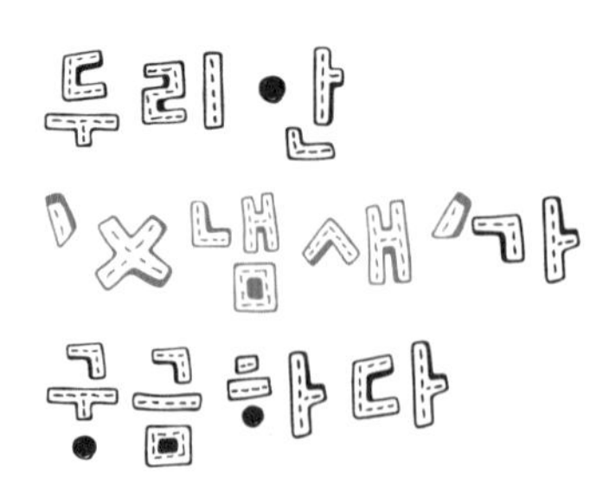

"열어봐."

"아니, 주문한 사람이 열어야죠."

"냄새가 너무 지독할까 봐 그래."

"그러게. 왜 배송지를 과학동아 편집실로 해서는……."

두리안이 도착하자 동료들은 술렁였다. 고약한 냄새 때문에 동남아시아에서는 호텔이나 지하철, 공항, 심지어 대중교통에도 반입이 금지되는 과일이었다. 서로 상자를 열지 않겠다며 작은 실랑이가 벌어졌다. 하지만 사실 두리안은 '과일의 여왕'이라는 별명을 가지고 있다. 끈적끈적하고 부드러운 과육 맛이 천하일미이기 때문이다. 오

축하면 영국의 소설가 앤서니 버지스는 "바닐라 커스터드를 변소에서 먹는 것 같다"고 설명했을까. 요리 평론가인 리처드 스털링은 "돼지 똥에 테레빈유와 양파를 섞어 체육관용 양말에 넣고 뒤섞은 냄새"라고 표현하기도 했다. 도대체 어떤 향이기에……. 용기를 내 상자를 열었다.

첫인상은 무시무시했다. 농구공만 한 과실에 가시가 잔뜩 돋아 있었다. 껍질은 또 얼마나 질긴지 식칼을 들고 30분을 낑낑댔다. 껍질 속은 반전이었다. 언뜻 바나나처럼 보이는 노르스름하고 부드러운 과육이 나왔다. 고등학교 과학 시간에 배운 대로 '휘휘' 손으로 바람을 일으켜 두리안의 향을 맡아봤다. '음~' 첫 느낌을 좌우하는 강렬한 탑 노트는 방귀 냄새였다. 맨 아래 기본 향이 되는 베이스 노트는 달착지근한 과일향. 기본 향 위에 향의 인상을 결정하는 미들 노트로 꽃 냄새가 얹어져 있었다. 아, 왜 어떤 사람들은 두리안이 향기롭다고 하고, 또 어떤 사람들은 고약하다고 하는지 알 것 같았다.

그런데 이건 어디까지나 비전문가의 생각이고, 진짜 분석은 유럽 향미 분석의 선구자인 독일 뮌헨공대 식품공학과 피터 쉬벨레 교수와 독일 식품화학연구소 공동 연구팀이 2017년 논문으로 발표했다.

과일의 향기를 분석하는 일은 쉬운 작업이 아니다. 많은 냄새 성분이 당과 결합해 있기 때문에(배당체) 쉽게 휘발되지 않는다. 포도의 경우만 보더라도, 자유로운 상태의 냄새 성분보다 배당체의 형태인 것이 5배 이상 많다.

독일 연구팀은 냄새 성분의 가장 중요한 두 가지 특징을 이용했다. 먼저 친유성. 실제로 대부분의 냄새 성분은 기름에 잘 녹는다. 맛을 내는 성분들이 대부분 물(침)에 잘 녹아 혀에 있는 맛 수용체에 붙는 것과 대조적이다. 과일에 아무리 수분이 많아도 향을 내는 물질은 기름 성분에 녹아 있다. 또 하나, 냄새 성분의 중요한 특징은 휘발성이다. 음식의 냄새 성분이 코로 잘 전달되기 위해서는 기화가 잘돼야 한다. 따라서 냄새 성분을 이루는 분자는 분자들 간의 인력이 약하다. 독일 연구팀은 유기용매를 이용해 냄새 분자를 추출하고, 휘발하는 성분들을 영하 196℃의 액체 질소에 포집했다. 이렇게 포집된 시료를 가스 크로마토그래피-질량분석기로 분석했더니 수백 가지의 냄새 성분이 나왔다.

"두리안향은 과일향이랑 양파향의 조합이네요."

"양파향이요? 개봉했을 때 양파 냄새는 전혀 안 났는데……."

자문을 위해 찾아간 김영석 이화여대 식품공학과 교수의 설명을 듣고 잠시 당황했다. 두리안의 복잡 미묘한 향기를 과일향과 양파향

나는
과일의 제왕이다!
하하하
으~ 지독해
이런 4차원
냄새는 처음이야

두 가지만 섞으면 그럴듯하게 재현할 수 있다고?

독일 연구팀이 규명해낸 두리안의 핵심 냄새 성분은 총 열아홉 가지였다. 각각의 성분은 농도가 1kg당 1μg(마이크로그램, 1μg은 100만분의 1g)에서 1mg으로 다양했다. 연구팀은 냄새 활동도(OAV)가 큰 것을 추렸다. 냄새 활동도는 냄새 성분의 농도가 높을수록, 냄새를 알아차릴 수 있는 문턱값이 낮을수록 크다. 두리안에서 냄새 활동도가 큰 향은 대표적인 과일향인 에틸 (2S)-2-메틸부타노에이트(OAV 1700000)와 썩은 양파향인 에테인티올(OAV 480000), 구운 양파향을 내는 1-에틸설파닐에테인-1-티올(OAV 250000)이었다.

연구팀은 핵심 냄새 성분 중 열 가지로 누락 테스트를 했다. 열 가지 냄새 성분 중에서 하나를 뺀 뒤, 진짜 두리안향과 얼마나 다른지를 사람들에게 비교하게 한 것이다. 그 결과 앞서 언급한 에틸 (2S)-2-메틸부타노에이트 성분(과일향)과 1-에틸설파닐에테인-1-티올 성분(구운 양파향)을 빼지만 않으면 사람들이 실제 두리안향과 큰 차이를 느끼지 않는다는 결과가 나왔다. 과일향, 양파향의 존재감이 그만큼 압도적이라는 뜻이다.

김 교수는 이것이 뇌가 냄새를 패턴으로 인식하기 때문이라고 설명했다. 특정한 냄새 성분들을 감지하는 데에는 여러 가지 후각 수용체가 팀을 이뤄 작동한다. 후각세포 끝 섬모에 있는 냄새 수용체 여러 개가 뇌에 전기적 신호를 동시에 전달해 하나의 냄새 특성을 구분하도록 만든다. 따라서 개별적으로 맡으면 양파향이 나는 성분인데 적절한 농도의 과일향과 함께 맡으면 뇌는 미묘한 매력을 가진 두리안향으로 느낀다.

"두리안향은 그래도 정리가 쉬운 편이죠. 진짜 어려운 것은 딸기 아이스크림의 향입니다."

"딸기 아이스크림의 향은 딸기향 아닌가요?"

"과연 그럴까요?"

김 교수의 말을 듣고 생각해보니 딸기 아이스크림에서 나는 향은 평상시 먹는 딸기의 향과 달랐다. 사실 딸기향도 막상 떠올리려고 하니 설명하기가 쉽지 않았다. 사실 대부분의 음식은 그 향을 분석하기가 어렵다고 한다. 짜장면, 커피, 구운 고기처럼 1000종이 넘는 냄새 성분들이 복잡하게 섞여 있는 음식이나 김치, 장류처럼 발효 정도에 따라 냄새가 달라지는 음식은 더더욱.

그래도 최근 들어선 연구가 활발해진 편이다. 그 덕에 음식의 정체성을 가리는 데 후각 정보가 80~90%의 중요한 역할을 차지하고, 후각 정보와 미각 정보가 독립적으로 작용하는 게 아니라 서로 영향을 미친다는 연구 결과도 나왔다. 하지만 냄새 성분이 뇌에 인식되는 과정은 소리나 빛이 뇌에 인식되는 과정에 비해 아직도 거의 연구가 이뤄지지 않았다.

"다양한 제품에 대한 소비자들의 선호도가 냄새에 크게 좌우되는 만큼, 향미에 대한 연구가 좀 더 깊이 이뤄져야 하겠죠."

김 교수의 말을 들으니 1년 전 《사이언스》지에 실렸던 토마토 연구가 떠올랐다. 논문의 제목은 '토마토의 향미를 높이기 위한 화학적 유전자'. 엄청 진지하다. 연구의 배경을 간단히 설명하면 오늘날 토마토는 열매가 크고 색깔이 예쁠수록 잘 팔린다. 또 농부들은 이렇게 잘 팔리는 토마토를 생산하기 위해 꾸준히 교배를 해왔다. 그런데 그 과정에서 단맛과 향이 사라져버렸다. 해리 클라이 미국 플로리다대 교수팀은 100종이 넘는 토마토의 향미를 비교해 상업화된 토마토가 야생 토마토보다 화학물질이 열세 가지가량 부족하다는 사실을 알아냈다. 그리고 토마토의 게놈에서 이 열세 가지 화학물질에 영향을 미치는 유전자들을 찾아냈다. 대표적인 예로 여러 번 개량된 토마토에서는 단맛이나 향을 내는 'Lin5' 유전자가 사라져 있었다. Lin5 유전자는 단맛이나 향을 내는 대신 토마토의 크기를 작게 만들기 때문이다.

연구팀은 현재 단맛을 배가시킬 수 있는 휘발성 물질, 즉 달달한 향을 내는 다른 방법을 고민 중이라고 한다. 3~4년 뒤면 더 맛있는 토마토를 먹을 수 있을 것 같다고 연구팀은 기대했다. 특유의 풋풋한(?) 냄새 때문에 토마토를 편식하는 나 같은 사람에게 솔깃한 뉴스였다.

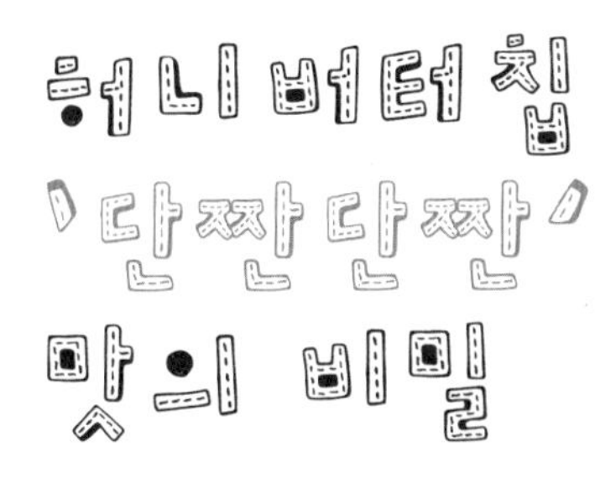

"더~ 더~ 더~ 더~ 더~"

"무슨 음주측정 해?"

"아니, 꿀을 왜 그렇게 소심하게 넣어?"

"무슨 초딩 입맛이세요?"

"야, 말할 시간에 빨리 저어! 다 탄다!"

"그러니까 그냥 사서 먹자고 했지!"

허니버터칩 한번 만들려다 다 큰 동생과 싸울 뻔했다. 재료 준비까지는 순조로웠다. 시중에 파는 감자칩(포X칩)과 꿀, 버터랑 냄비면 준비 끝. 가벼운 마음으로 냄비에 버터를 녹이고 같은 양만큼 꿀을 넣었다. 여기에 파슬리를 넣으면 풍미가 좋아진다기에 깻잎도 쫑쫑 썰어 넣었다. 그런데 아뿔싸. 깻잎에 신경을 쓰는 동안 개나리색을 띠던 소스가 급격히 갈색으로 변하기 시작했다. 서둘러 감자칩을 넣었다. 하지만 소스에 버무려진 감자칩은 이내 새까맣게 타버렸다. 엄마의 냄비와 함께 내 마음도 새까맣게 탔다.

"어휴, 우리 누나 석탄을 만드셨네. 에너지 위기를 해결한 것을 축하해."

동생이 놀려댔다. 그제야 레시피 하단에 작게 쓰인 경고 문구가 눈에 들어왔다.

'버터가 타기 쉬우니 반드시 약불로 조리하세요.'

이게 다 허니버터칩의 인기 탓이었다. 2014년 출시 당시 허니버터칩의 인기는 대단했다. 출시 3개월 만에 매출 50억 원을 기록하면서 품절 대란을 일으켰다. 이럴 때 기자들은 참 난감하다. 허니버터칩이 인기 있는 이유를 분석해야 하는데 정작 먹어보질 못하니 말이다. 다행히 인터넷에 허니버터칩을 만들어 먹을 수 있는 레시피가 있었다. (그분들은 하나같이 허니버터칩을 만드는 데 성공했다.) 레시피의 핵심은 단맛. 하긴 세상에 단맛을 싫어하는 사람이 있을까. 외식사업가 백종원 씨도 음식에 설탕을 듬뿍 넣기로 유명하고, 허니치킨, 꿀빵, 허니맥주, 심지어는 꿀을 탄 커피, 과일소주도 잘 팔린다.

이렇게 단맛을 강조한 음식을 두고 혹자는 '초딩 입맛'이라고 폄

하한다. 그러나 모르는 소리다. 단맛은 유치원, 아니 우리가 기억도 못 하는 아주 어릴 적부터 우리가 선호해온 맛인 것을. 또 쓴맛과 신맛, 짠맛은 과하면 입에 댈 수조차 없는 반면, 단맛은 어찌 됐든 먹어 삼킬 수 있다는 점에서도 뭔가 특별한 점이 있다. 진화론자들은 우리가 단맛을 추구하는 것이 수렵 채취 시대 때부터 이어진 본능이라고 설명하기도 한다. 인류는 몸 안에 에너지를 더 많이 저장하기 위해 단백질, 지방, 탄수화물이 풍부한 음식을 추구해왔는데, 이 세 가지 성분이 풍부한 음식이 대부분 단맛을 낸다는 근거다.

"하지만 무조건 단맛이 강하다고 맛있는 건 아냐."

"아무렴. 탄 맛이 가미가 돼야지. 허니석탄칩처럼."

"이게 진짜…… '단짠단짠'이란 말 들어봤지?"

끝까지 놀리는 동생이 얄미웠지만 대인배 누나로서 설명을 이어나갔다. 허니버터칩은 짭조름한 감자칩에 꿀의 단맛을 더해 새로운 풍미를 만들어냈다. 실제로 단맛과 짠맛은 어떻게 섞이느냐에 따라 다양하게 바뀐다. 먼저 단맛에 짠맛이 섞이면 단맛은 더욱 풍부해진다. 팥빙수에 넣을 팥 시럽에 소금을 조금 추가하는 것이 바로 이런 이유에서다. 김춘수 시인이 시 「차례」에서 할머니에게 '수박 살에 소금을 조금 발라 드렸으면' 했던 것도 마찬가지 이유다. 반대로 짠맛에 단맛을 섞어도 풍미가 업그레이드된다. 백주부 백종원 씨의 집

밥 레시피가 대표적인 예다. 찌개, 간장, 김치 같은 짠맛이 많이 나는 한식에 설탕을 한 숟가락씩 넣으면 텁텁한 맛이 사라지고 감칠맛과 부드러움이 배가된다.

재밌는 것은 단맛과 쓴맛이 혼합된 상태다. 보통 단맛과 쓴맛을 섞으면 단맛이 쓴맛을 가린다. 과일즙의 단맛으로 알코올의 쓴맛을 줄인 과일소주가 대표적인 예다. 이를 '마스킹 효과'라고 부른다. 그런데 여기에 소금을 넣으면 쓴맛이 더 감소하고 단맛은 더 강해진다. 소금이 쓴맛을 내는 물질을 억제하기 때문이다. 물론 적절한 양 조절이 중요하다.

"그러니까 너무 달지도, 짜지도, 쓰지도 않은 감자칩의 황금비를 지켰어야지. 설탕을 애매하게 넣었더니 '단짠단짠'의 균형이 안 맞잖아. 맛이 없어, 맛이."

"누가 몰라서 그러나. 건강에 안 좋으니까 소금이든 설탕이든 최대한 적게 넣자는 거지. 누나 다이어트 한다며?"

"다, 다이어트?"

방심하다가 정곡을 찔렸다. 오늘날 소금과 설탕은 '공공의 적'이다. 특히 한국인은 맵고 짠 저장 음식, 국물 있는 찌개 등을 많이 먹기 때문에 소금과 설탕의 과다 섭취를 주의해야 한다는 경고가 오래전부터 있었다. (물론 너무 적게 먹는 것도 문제다. 2000년대 후반부터 소금을 적게 섭취하는 것이 많이 먹는 것만큼 건강에 해롭다는 연구 결과가 쏟아져 나오고 있다.) 그러나 수십 년간 소금과 설탕의 맛에 익숙해진 현대인이 하루아침에 입맛을 바꾸는 것이 쉽지 않다.

"방법이 없는 건 아냐. 뇌를 속여서 싱거운 음식을 짜거나 달게 느껴지도록 할 수 있거든."

"에이, 말도 안 돼."

말이 된다. 한국식품연구원 연구팀은 3~4년 묵은 재래간장에서 짠맛을 흉내 내는 물질을 찾아냈다. 간장이 발효되고 숙성되는 화학 반응 속에서 탄생한 'KFRI-LHe'라는 물질이다. KFRI-LHe는 나트륨이 아니지만 나트륨처럼 혀의 짠맛 수용체에 붙거나 세포막 이온통로를 통과해 짠맛 세포를 자극한다. 나트륨과 같은 경로를 이용해 궁극적으로 뇌가 짠맛을 느끼게 하는 셈이다.

"맛이 단순히 혀에서 느끼는 감각이 아니라, 뇌에서 인지하는 감각이라는 것을 활용한 거지. 같은 방법으로 단맛, 매운맛, 쓴맛 모든 맛을 흉내 낼 수 있을걸?"

"그래? 그럼 허니버터칩은 그때 가서 만들도록 하자."

"아니, 난 오늘 밤 꼭 먹어야겠는데."

동생은 결국 편의점 다섯 곳을 털어 허니버터칩 한 봉지를 구해 왔다. 상용화된(?) 허니버터칩은 허니석탄칩과 비교할 수 없을 정도로 '단짠단짠' 맛있었다. 역시 돈 주고 사먹는 게 최고다.

"와, 인절미 맛있겠다."

"한번 드셔보시죠."

"엥?"

고물을 잔뜩 얹은 먹음직스러운 인절미는 씹기도 전에 녹아 사라졌다. 대신 부드러운 우유 거품이 입안 가득 퍼졌다. 지켜보던 카메라팀 선배와 분자요리 레스토랑 '슈밍화 미코'의 신동민 대표는 놀라는 모습이 재미있다는 듯 웃었다.

"과학을 접목해서 전통적인 조리법으로는 구현할 수 없었던 맛과 향, 식감을 살리는 것이 목적이죠. 이것도 한번 드셔보시겠어요?"

이번에는 보글보글 끓는 라면이었다. 내가 한 번 속지 두 번 속나. 한 숟가락 떠 후후 분 뒤 입안에 넣었다.

'앗, 차가워!'

이번엔 라면이 아니라 액체질소를 사용해 알코올(술)을 급속 냉각시킨 셔벗이었다. 겉모습만 봐서는 도저히 어떤 음식인지 알 수 없었다.

'분자요리'라는 용어는 1988년 영국의 물리학자 니콜라스 쿠르티와 프랑스 화학자 에르베 티스가 식재료의 변형을 연구하던 중 만들어냈다. 그래서일까. 분자요리는 만드는 방법도 딱 과학 실험 같았다. 거품이나 파우더같이 상온에서 잘 굳지 않는 재료에 액체질소를 부어 딱딱한 디저트 모양을 만들었다. 공기의 80%를 이루는 질소가 영하 196℃ 아래에서 투명한 액체 상태가 된다는 점을 이용한 것이다. 그릇에 담아 놓은 액체질소에서 하얀 연기가 피어나는 모습을 보니 내가 있는 곳이 주방인지 실험실인지 혼란이 왔다.

"이건 뭐죠. 설마 비커는 아니겠죠?"

"커피를 뽑는 사이펀이에요. 육수 뽑을 때 아주 편하거든요."

그러면서 신 대표는 알코올램프에 불을 붙여 사이펀 아래에 놨다. '알코올램프는 왜 있는 거지.' 생각하는 동안 사이펀에 담긴 육수가 끓기 시작했다. 사이펀 아래쪽에 있는 다시마 육수가 가열돼 육수 위쪽으로 올라갔다가, 위쪽에 있던 가쓰오부시 육수와 함께 다시 아래로 내려오는 순환이 이뤄졌다.

"육수 온도가 85℃일 때 감칠맛을 내는 이노신산이 가장 많이 나오거든요."

과학 선생님의 설명 같았다. 그는 다시마에 들어 있는 글루탐산 나트륨이 가쓰오부시에 함유된 이노신산을 만나면 감칠맛이 7.5배 상승한다는 설명을 계속 이어갔다. 점점 정신이 아득해졌다.

"어맛, 고기다♡"

하지만 사랑하는 스테이크가 나와 나를 깨웠다. 조심스럽게 한 조각을 입에 넣었다. 또 녹아 없어져버리거나 완전 다른 맛이 나면 어쩌지. 그런데 다행히도 육질이 부드럽고 맛과 향이 진한 진짜 스테이크였다. 신 대표는 고기를 천천히 가열하는 '수비드Sous Vide' 조리법을 썼다고 말했다. 생고기는 식중독을 일으키는 세균이 들어 있을 수 있으므로 높은 온도로 가열해 먹는 것이 정석이다. 대표적인 식중독균인 살모넬라균은 75℃ 이상의 온도로 가열하면 몇 초 만에 전멸한다.

하지만 이 과정에서 생고기의 영양소가 파괴된다. 육질이 질겨지며 향을 내는 성분도 날아간다. 수비드는 살모넬라균이 50℃ 이상의 온도에서 죽기 시작한다는 데 착안했다. 생고기를 진공 포장한 후 온도를 60℃로 일정하게 유지시킨 물에 한 시간 동안 담가놓는 저온살균 방식을 썼다.

해외에서는 이렇게 분자요리를 전문적으로 하는 레스토랑이 꽤 많다. 세계적인 레스토랑 평가서인 '미슐랭 가이드'에서도 분자요리 전문 레스토랑을 여럿 소개하고 있을 정도. 레스토랑마다 레시피가 기상천외한데, 가장 따라 해보고 싶은 레시피는 캐비어 분자요리다. 준비는 염화칼슘과 해조류 추출물인 알긴산나트륨, 그리고 과일주스만 있으면 된다. 제작 과정도 초간단하다. 염화칼슘을 녹인 물에 알긴산나트륨을 섞은 과일주스를 한 방울씩 떨어뜨리면 끝. 표면에 얇은 막이 만들어지면서 동그란 알 모양이 된다. 진짜 캐비어와 모양도 촉감도 비슷한데, 톡 터뜨리면 과일주스 맛이 난다. 염화칼슘에 들어 있는 이온과 알긴산나트륨에 들어 있는 이온이 결합해 염(얇은 막 물질)을 생성하는 원리를 이용한 것이다.

"동생, 누나가 분자요리 해줄까?"

"무슨 요리라고? 누나가 웬일이래?"

그날 밤, 아쉽게도 알긴산나트륨이 없는 관계로 집에 있는 달걀로 분자요리에 도전해보기로 했다. 냄비 2개에 물을 올린 뒤 하나는 60℃ 온도에서 날달걀 2개를 넣고, 다른 한 냄비는 70℃ 온도에서 2개를 넣었다. 물의 온도를 일정하게 유지하기 위해 온도계를 동원해 20분 동안 지켜봤다. 그리고 달걀을 까서 반으로 잘랐다.

조금만 기다려 봐~
이 누나가 과학기자로서
과학적인 요리를 해줄게.

꼬르륵
거기
치킨집이죠?
최대한 빨리
치킨 좀..

"짜잔~!"

"끝이야? 달걀 4개 때문에 지금까지 기다리게 한 거야?"

"잘 들여다봐 봐. 흰자의 단백질 변성이 예술이잖아."

"심지어 덜 익었네? 음식 갖고 장난을 치다니."

동생은 결국 치킨을 시켰다. 하지만 이것이 세계 3대 학술지 《셀》에 실린 분자요리 실험이라면 과연 믿어줄까. 달걀의 투명한 액체 상태인 흰자가 어떻게 불투명한 흰 고체 상태로 변하는가는 분자요리를 연구하는 학자들의 오랜 숙제다. 흰자는 온도를 높이면 단백질이 변성돼 풀렸다가 다시 엉키면서 고체 상태가 된다. 재밌는 건 60~70℃ 범위에서는 이런 운명이 1℃ 차이에 갈린다. 60℃에서는 아무리 오래 두어도 흰자가 반투명한 반면 61℃에서는 조금 불투명해지고, 70℃에서는 완전히 불투명해진다. 온도마다 변성이 되는 단백질 종류가 다르다는 뜻이다. 그 이유는 아직 모른다. 아마 가까운 미래에 누군가가 음식으로 장난치는 중에 밝혀내지 않을까?

치킨은 30분 만에 신속 배달됐다.

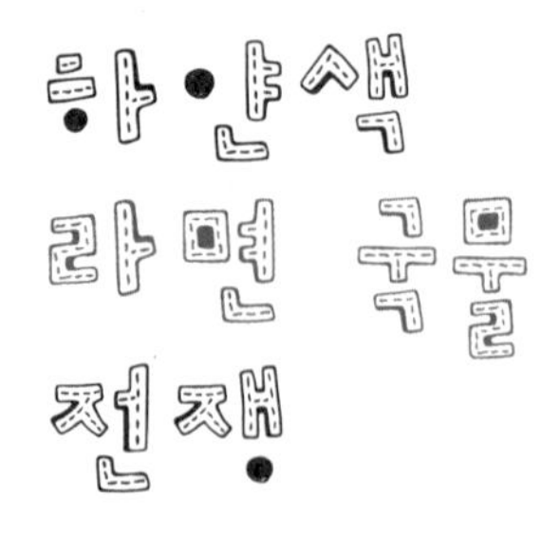

'매진.'

벌써 세 번째 허탕이었다. 꼬꼬면을 판매하는 진열장은 오늘도 텅 비어 있다. 오죽하면 '품절 라면'이라는 별명까지 생겼을까. 때는 2011년 여름, 하얀색 라면 국물 전쟁의 서막이 오르던 시기였다. 한국은 1인당 라면 소비량이 연간 70개가 넘을 만큼(당연히 세계 1위다) 라면 사랑이 유별나다. 하지만 그동안은 모두 소고기 국물을 기초로 한 빨간색 국물 라면이었다. 그런데 어느 날 하얀 국물 라면이 유행하기 시작했다. 한국야쿠르트(지금은 팔도)의 꼬꼬면은 출시된 지 168일 만에 1억 개 판매를 돌파했다. 삼양식품의 나가사끼 짬뽕은 그것보다 딱 2주 늦게 1억 개 판매를 넘어섰다. 도대체 뭐가 얼마나 맛있기에 하얀 국물 타령들일까. 거리의 사람들에게 물었다.

"매콤하고 담백해서 좋아해요."

"진하고 칼칼해서요."

"육수가 시원하더라고요."

각각 꼬꼬면, 나가사키 짬뽕, 기스면 매니아라는 시민들은 최선을 다해 맛을 설명했다. 그러나 한 번도 먹어보지 않은 사람의 입장에선 모호하기 그지없는 설명이었다.

"아니 그래서, 맛이 어떻게 다르다는 거야."

"구수하면서 깊은 맛이 그러니까……."

데스크 앞이라 겨우 참았지만 '내가 먹어봤어야 알죠. 저도 먹고 싶어 죽겠다고요'라는 말이 목구멍까지 차올랐다. 소비자 뉴스와 신제품 기사를 쓰는 산업부에 물건이 있다는 첩보를 입수하고 급습했는데도 한 발 늦었다. 라면 봉지만 뒹굴고 있었다. 그렇다면 정공법이다. 나가사끼 짬뽕을 개발한 삼양식품에 연락을 했다.

"가운으로 갈아입고 에어샤워 룸으로 들어가주세요."

강원도 원주에 있는 삼양식품연구소는 반도체 공장을 방불케 했다. 전영일 소장은 옷을 가운으로 갈아입는 것도 모자라 모자와 덧신까지 착용하게 했다. 손을 씻고 물기를 제거하고 알코올로 소독하는 동안에는 내가 수술실 취재를 온 건가 하는 착각이 들 정도였다. 그래도 즐거웠다. 곧 하얀 국물 라면을 맛볼 수 있을 테니까. 꼬불꼬불한 면이 일렬로 지나가며 쪄지고, 튀겨지고, 포장되는 생산라인도 장관이었지만 보는 둥 마는 둥 했다. 그렇게 인고의 시간이 지나고 드디어 물을 끓이는 순간이 왔다.

식품연구소 연구원들은 실험실 책상에서 정량의 물을 불 위에 올렸다. 잠시 동안 '라면 하나 끓이는 데 이렇게 각을 잡을 일인가' 생각했지만 얼른 생각을 고쳤다. 이들에게는 실제로 중요한 실험이 아니던가. 책상 위 선반에는 비커와 흰 약통들이 즐비했다. 무시무시한 화학약품 대신 파프리카 가루, 버섯 가루, 청양고추 분말, 소금, 설탕 등이 가지런히 담겨 있었다. 이것을 황금 비율로 혼합해 하얀 국물 맛을 좌우하는 스프를 만드는 것이리라!

"스프에 들어가는 재료는 적게는 스물여섯 가지, 많게는 마흔 가지에 육박합니다."

"그중에서 돈골 농축액 분말 만드는 방법을 좀 더 자세히 알 수 있을까요?"

설명을 멈추며 당황하는 전 소장의 표정을 보니 핵심을 찔렀다는 확신이 들었다. 나가사끼 짬뽕은 일본 라멘처럼 돼지고기로 육수를 낸 것이 가장 큰 특징이었다. 라멘집에서는 육수를 내기 위해

돼지고기와 돼지 뼈를 오랜 시간 푹 고아낸다. 하지만 봉지 라면은 단 4분 만에 이런 맛과 영양소가 우러나오게 해야 한다. 그 비법이 곧 맛의 비결일 터였다.

"돼지 뼈를 푹 고아낸 육수를 농축한 뒤에 열풍에 건조해 파우더를 만들죠."

"그게 다예요?"

대단히 특별한 비법은 아니었다. 농축된 육수 엑기스를 스프레이를 사용해 뿌리고 열풍에 접촉시키면 순간적으로 증발하면서 가루가 만들어진다. 효소나 단백질과 같이 온도에 민감한 물질은 이 방식을 사용하면 열에 의한 변형이 적다. 또 햇빛에 말리는 일반 건조는 7시간 이상 걸리는 데 비해 열풍을 이용하면 수초 만에 스프를 만들 수 있다. 이렇게 만든 스프는 가루가 균일해 끓이면 국물에 용해가 빠르다는 장점도 있다.

"한번 드셔보시죠."

드디어 육수를 맛볼 기회가 왔다. 현기증이 날 것 같았다. '호로록' 숟가락으로 국물을 떠 마셨다. 쇠고기 육수가 깔끔하면서 구수한 맛이 난다면, 돼지 사골은 두텁고 진한 맛이 났다. 뒤에는 시원한 해물 맛도 느껴졌다.

이병운 삼양식품연구소 책임연구원은 "두텁고 감칠맛이 나는 이유는 돼지 사골에 핵산과 아미노산[8] 함량이 높기 때문"이라고 설명했다. 핵산은 육류나 생선 같은 식품의 세포 속에 들어 있는 성분으로 육수의 맛을 좌우한다. 재료마다 핵산의 양은 조금씩 차이가 있다. 한 예로 이노신산은 두툼하고 구수한 맛을 내는데 돼지고기 육수에 가장 많이 들어 있다. 그다음 소고기, 양고기, 닭고기 육수 순으로 많이 들어 있다. 닭고기 육수는 핵산이 적어서 상대적으로 가볍고 깔끔한 맛을 낸다.

육수 맛을 내는 데는 재료의 아미노산 함량도 중요하다. 아미노산 역시 종류가 여러 가지인데, 해산물과 채소류가 가진 본연의 감칠맛은 아미노산의 일종인 글루탐산의 나트륨염에서 나온다. 그 밖에 조개류의 감칠맛은 숙신산나트륨, 표고버섯의 구수한 맛은 구아닐산나트륨의 맛이다. 아미노산은 앞서 설명한 핵산과 함께 맛의 상승 효과를 낸다. 즉 아미노산인 글루탐산의 나트륨염과 핵산의 이노신산나트륨을 섞으면 각각의 맛의 강도를 합친 것보다 더 강한 맛을 낸다. 소비자들이 돼지 육수와 해산물을 조합한 하얀색 국물 라면에서 기존 라면과 다른 맛을 느끼는 것에는 과학적인 이유가 있었던 셈이다.

"그런데 이 칼칼한 맛이 뭐죠? 고추를 넣은 것도 아닌데."

"고추 넣었는데요? 자세히 보세요."

"에이, 색이 이렇게 하얀데……."

여기엔 엄청난 반전이 있었다. 사람들은 라면의 먹음직스러운 빨간색이 고추에서 나왔을 것이라고 생각하는데 아니었다. 파프리카 가루를 이용한 식용 색소였다. 대신 칼칼하고 매운맛을 내기 위해 고추에서 추출한 캡사이신 성분을 넣었다. 하얀색 국물 라면에도 이렇게 캡사이신 성분만 추출해서 넣는단다.

"진짜 잘 먹었다. 그죠?"

"응, 나는 이 기자가 식사하러 온 줄 알았잖아. 하얀색 국물 라면 먹으러 왔다더니 무슨 빨간색 국물 라면까지 그렇게 많이……."

취재를 마치고 돌아오는 길은 어느 때보다 만족스러웠다. 보통은 차에서 기절한 듯 쓰러져 자는데 이날은 즐거운 대화가 끊임없이 이어졌다. 역시 라면은 국민 음식이다.

"그런데 아까 소장님 라면 알아맞히는 거 너무 신기하지 않았어요? 끓이는 냄새만 맡고도 어쩜."

"그러게. 사람들이 스프를 대충 털어 넣을 것까지 생각해서 스프 양을 결정한다는 말에 소름 돋더라."

"열심히 개발한 만큼 유행이 오랫동안 이어져야 할 텐데."

"글쎄, 그래도 1년은 가지 않을까?"

선배의 예측은 정확했다. 나도 한국 사람이지만 어쩌나 다들 유행에 민감한지. 하얀색 국물 라면의 시장 점유율은 그해 12월 17%로 정점을 찍고 이듬해 급락했다. 요즘은 곰탕, 설렁탕, 감자탕 같은 한식 국물이 유행이라고 한다. 핵산이랑 아미노산은 얼마나 들어 있으려나. 국물 분석 2탄을 기대하시라.

불안해하는 영혜 씨

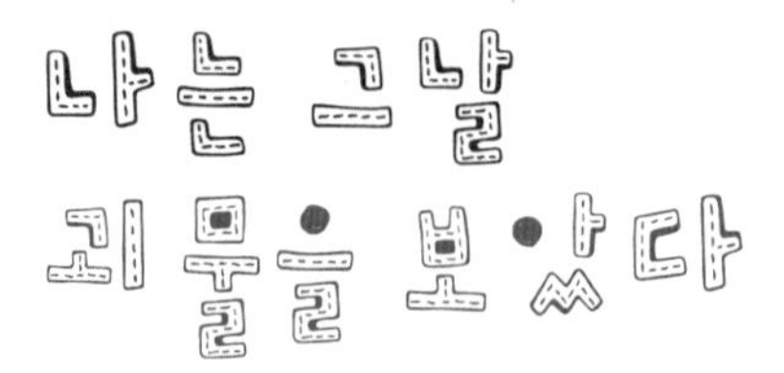

"점화!"

터널에 우렁찬 목소리가 울리고, 잠시 뒤 터널 끝에 있던 흰색 소나타에서 불길이 치솟았다. 2018년 1월 경기도 화성에 있는 한국건설기술연구원 화재안전연구소. 영하 13℃의 강추위에도 터널 화재 연기 실험 현장은 후끈했다.

연기는 역동적인 괴물 같았다. 차에 불이 붙은 지 1분이 채 되지 않았는데, 밀폐된 터널 안이 삽시간에 검은 연기로 가득 찼다. 터널 밖에서 지켜보는 나와 연구진 쪽으로도 유독가스가 넘어왔다. 신현준 선임연구위원은 "에어커튼 가동!"을 외쳤다.

순간 터널 출구 천장에 설치된 에어커튼이 날개(블레이드)를 15도 각도로 움직이더니 공기를 초속 30m 속도로 뿜어내기 시작했다. 숨 쉬기가 한결 편해졌다. 2분쯤 지났을까. 에어커튼의 효과는 눈으로도 보였다. 터널 입구에 투명한 커튼을 친 것처럼 검은 연기가 터널 안으로 되돌아 들어가고 있었다. 측정 결과 에어커튼을 작동한 터널 안쪽은 온도가 50℃까지 올라갔지만, 바깥쪽은 22℃를 유지했다. 일산화탄소(CO) 농도도 안쪽은 60ppm(공기 1kg당 60mg의 비율) 수준으로 높았지만 외부는 2ppm 수준이었다.

"에어커튼은 화재 시 연기 확산을 제어하는 것이 주된 목적입니다. 연기가 퍼지는 것만 막아도 대피 시간을 10분 이상 벌 수 있으니까요."

유용호 연구위원은 터널이나 지하철 승강장, 대피구역 등 밀폐된 공간에 화재가 발생했을 때 연기를 제어하는 시스템이 중요하다고 강조했다. 화재 시 인명 피해의 대부분은 연기로 인한 질식사가 원인이기 때문이다. 연기는 불보다 먼저 퍼지고 대피로를 가린다. 대한민국 사람들의 머릿속에 트라우마로 남아 있는 2003년 대구 지하철 화재가 대표적인 예다. 사망자 192명 대부분이 연기에 질식해 목숨을 잃었다. 그러나 아직까지 마땅한 대비책은 없다. 2000년대 이전에 건설된 길이 1km 미만의 터널은 대부분 소화기 외에는 아무런 화재안전 시스템이 없다. 우리나라 터널의 60%는 이런 1km 미만의 터널이다.

"고깃집 환풍기랑 비슷하네요?"

에어커튼이 연기를 빨아들이는 모습은 어딘가 익숙했다. 원리는 실제로 같았다. 다만 환풍기는 외부의 신선한 공기를 흡입해 대류현상을 유도하는 반면, 에어커튼은 화재가 난 내부의 연기(농연)를 순환시킨다는 게 차이. 외부의 산소가 공급되면 불이 더 커지기 때문이다. 유 연구위원은 에어커튼을 지하철의 스크린도어, 다중이용시설의 방화 셔터에도 적용할 수 있다고 설명했다.

한편 화재는 건물의 재료에도 큰 영향을 받는다. 2017년 12월 참사가 벌어진 제천 스포츠센터는 외벽에 '드라이비트[9]' 공법을 사용하면서 단열재로 스티로폼 같은 가연성 자재를 사용했다. 가연성 외벽은 화재에 특히 취약하다. 불이 외벽을 타고 급격히 상승할 수 있기 때문이다. 실제로 가로 3m, 세로 6m 외벽에 드라이비트 공법으로 가연성 자재를 시공한 후 벽 안쪽에서 불을 붙여보면 불과 1분 30초 만에 불이 외벽으로 번진다. 불은 급격히 상승하며 약 2분 만에 벽 전체를 태운다.

이렇게 연소된 외벽이나 천장, 매트리스 등 실내 공간의 내장재는 모두 유독한 가스를 내뿜는다. 연기는 수직으로 이동하는 속도가 수평으로 이동하는 속도보다 5배에서 10배 더 빠르다. 불은 탈 것이 있어야 옮겨 붙지만, 연기는 방화문, 복도는 물론이고 욕조나 주방, 하수도, 배관 등 작은 틈으로도 올라간다. 당장 건물 밖이나 아래층으로 대피하지 못하는 노약자, 장애인 같은 피난 약자들을 위한 특별 피난 공간이 필요하다.

"화장실을 대피 공간으로 활용할 수 있습니다."

신현준 선임연구위원의 제안은 의외였다. 하지만 세부 설명을 들으니 수긍은 갔다. 화장실은 출입문을 제외한 모든 벽이 불연 재료이고, 물이 있으며, 다른 공간과 분리돼 있어 출입문만 잘 막으면 구조대원이 올 때까지 버틸 수 있기 때문이다. 연구팀은 화장실의 대피 기능을 인천의 한 빈 건물에서 실험으로 입증했다. 먼저 나무와 PVC(폴리염화비닐) 재질로 된 화장실 문밖에서 장작불을 피웠다. 문틈새로 연기가 조금씩 새어들어 오더니 10분도 되지 않아 문에 구멍이 생겼다. 화염은 구멍을 통해 쏟아지듯 들어왔다. 화장실 안은 연기로 가득 찼다.

같은 구조의 화장실에 이번에는 공기를 공급하는 설비와 스프링클러를 설치한 뒤 화재를 재현했다. 급기 설비로 화장실에 공기를 주입하자, 내부의 압력이 외부에 비해 50Pa(파스칼) 높아지면서 연기 유입 속도가 더뎌졌다. 연구팀은 문 상부에 설치한 스프링클러를 켜 출입문에 수막을 형성했다. 10분 뒤, 화장실의 외벽은 검게 그을렸지만 출입문은 멀쩡했다. 화장실 내부의 일산화탄소 농도도

1시간 내내 1ppm으로 낮게 유지됐다.

'화재는 늘 주변에서, 예고 없이 일어난다.'

2014년 전남 담양 펜션 화재 이후 늘 가슴속에 담고 사는 말이다. 당시 기름에 붙은 불을 물로 진압하는 것이 얼마나 위험한지를 취재하면서 화재안전연구소 연구팀과 함께 실험을 진행했다. 프라이팬에 식용유를 담아 30초 정도 가열한 뒤 뿌연 유증기가 올라올 때 호스로 물을 뿌렸다. 그 순간 '펑!' 하는 폭발음과 함께 불꽃이 수직으로 솟구쳤다. 화염의 높이가 나의 키를 넘겼다. 생각해보면 당연한 결과였다. 뜨겁게 가열된 유증기 속에 차가운 물이 들어가면 물 입자가 바닥으로 가라앉고, 이것이 부피가 2000배까지 급팽창하며 기름을 위로 튕겨내는 것이다. 하지만 당시는 아무 생각도 들지 않았다. 화재의 무서움을 머리로 이해하는 것과 피부로 느끼는 것의 차이랄까. 실험을 통해 직접 보지 않았다면 언제든 나도 실수할 수 있는 일이라 생각하니 소름이 끼쳤다. 그때부터 화재 기사만큼은 더 충실하게 과학적으로 써내려고 노력하고 있다. 주변에서 더 이상 가슴 아픈 일이 발생하지 않도록 작게나마 도움이 됐으면 하는 바람이다.

생리대 '위해성' 논란

"이게 다 뭐야?"

"생리대죠."

몰라서 한 질문은 아니었다. 옆자리 우아영 기자의 책상엔 생리대가 '산'을 이루고 있었다. 인체에 유해한 물질이 나온다는 논란 때문에 생리대 10종을 사다가 분석 기사를 준비하는 중이라고 했다. 일일이 포장지를 뜯어 그 구조를 살펴보고 있는 모습을 보고 있자니, 과학 기자도 참 극한 직업이라는 생각이 들었다.

논란은 2017년 3월 김만구 강원대 환경융합학부 교수팀이 생리대 성분 분석 결과를 발표하면서 시작됐다. 김 교수팀은 여성환경연대의 의뢰를 받아 유한킴벌리, 깨끗한나라 등 4개 생리대 제조사의 일회용 생리대 10종과 면 생리대 1개가 사람의 체온과 같은 환경에서 어떤 유해물질을 방출하는지 시험했다. 연구팀은 10종 전제품에서 '휘발성 유기화합물VOCs, Volatile Organic Compounds' 등 발암물질을 포함한 유해물질 22종이 검출됐다고 밝혔다.

'휘발성 유기화합물.'

용어가 어렵지만 쉽게 말해 공기 중에 기체가 되어 날아가는 유기화합물이라는 뜻이다. 대표적인 것이 톨루엔, 벤젠, 아세톤, 포름알데히드, 자일렌, 에틸렌, 스타이렌 등이다. 휘발성 유기화합물은 일상생활에서 아주 많이 쓰인다. 석유정제 시설, 석유화학 제품 시설, 정유사, 주유소, 세탁소, 인쇄소, 심지어는 페인트와 접착제에서도 나온다. 이런 물질에 높은 농도로 장기간 노출되면 신경과 근육에 장애가 생길 수 있다고 알려져 있다. 지금까지는 대부분 들이마셔서 발생하는 '흡입 독성'이 문제가 됐다.

"그나저나 휘발성 유기화합물이 생리대의 어느 부분에서 나왔다는 거야?"

의문이 생길 수밖에 없었다. 식품의약품안전처(이하 식약처)는 '의약외품에 관한 기준 및 시험방법(외품기준)' 고지에서 일회용 생리대의 구조를 표지층, 흡수층, 방수층 등 크게 세 가지로 규정하고, 각

층에 사용할 수 있는 성분을 지정해놨기 때문이다. 우 기자는 전문가의 도움을 받아 생리대 10종이 표지층, 흡수층, 방수층을 올바른 성분으로 제작하고 있는지, 휘발성 유기화합물이 나왔다면 생리대의 어떤 부분 때문일지를 취재했다.

먼저 피부에 직접 닿고 생리혈을 생리대 내부로 통과시키는 표지층. 표지층은 규정상 인조섬유, 면섬유, 폴리에틸렌 필름 등을 쓸 수 있다. 조사 결과 10종 중 7종은 표지층을 부직포로 제작했다. 부직포에는 미세한 구멍이 많아 혈액이 잘 통과한다. 그 덕분에 피부에 직접 닿는 면을 보송보송하게 유지할 수 있다.

그다음 표지층 밑에서 생리혈을 빨아들이는 흡수층은 규정상 화학펄프로 만든 흡수지, 면섬유, 흡수 솜, 고분자 흡수제 등을 쓸 수 있다. 조사 결과 흡수층은 생리대의 성능을 결정짓는 가장 중요한 요소인 만큼, 제조업체마다 제품마다 다양했다. 하지만 그중에서도 '면상펄프' 성분이 눈에 자주 띄었다. 면상펄프는 목재에서 추출한 섬유질 물질로 의료용 솜과 모양이 비슷하다.

마지막으로 생리혈이 밖으로 새어나가지 않게 막는 방수층은 폴리에틸렌 필름, 폴리프로필렌 필름 등을 쓸 수 있다. 조사한 10종은 모두 폴리에틸렌 필름을 쓰고 있었다. 폴리에틸렌 필름에는 눈에 보이지 않는 지름이 수 마이크로미터(㎛·1㎛는 100만분의 1m)인 미세한 구멍이 있어서 물은 막고 공기는 통과시킨다. 식품 포장용 플라스틱으로 많이 쓰인다. 독성이 없고 안정적이라는 의미다.

"성분 자체는 문제가 없어 보이는데……."

제조업체에서 공식 홈페이지를 통해 밝히고 있는 구성 성분만 봐서는 휘발성 유기화합물이 기준치 이상으로 나올 가능성이 굉장히 낮아 보였다. 이는 전문가들의 생각과도 일치했다. 하지만 일부 전문가는 제조 과정에서 예상치 못하게 화학물질이 들어갈 가능성, 생리대에 부가적으로 들어가는 재료인 접착제나 향료에서 휘발성 유기화합물 나왔을 가능성 등을 언급했다. 가령 목화를 키우는 과정에서 유해한 성분이 들어가면 이것으로 제조한 순면 생리대에서도 유해물질이 나올 수 있다는 뜻이다.

이런 가운데 식약처는 생리대 속 휘발성 유기화합물이 위해성이 없다는 결과를 2017년 9월과 12월 두 차례에 걸쳐 발표했다. 9월 1차 발표는 2014년 이후 국내에서 생산되거나 국내에 수입된 생리대 666종을 전수조사한 결과였다. 생식독성과 발암성이 상대적으로 높은 휘발성 유기화합물 10종의 검출 시험과 인체 위해 평가를 진행했다. 생리대별로 검출량에는 차이가 있었으나 인체에 유해한 영향을 준다고 보기 힘든 미미한 양이라고 결론이 났다. 12월 2차 발표는 1차에서 조사하지 않은 휘발성 유기화합물 74종에 대해 확대 조사한 결과였다. 식약처의 결론은 같았다. "검출량이 유해한 영향을 미치지 않는다."

생리대에 들어 있는 유해물질의 양을 조사한 것은 분명 의미 있는 일이다. 하지만 특정 물질이 건강에 어떤 악영향을 주는지 '위해성risk'을 파악하는 데는 한계가 있다. 위해성은 물질 자체의 '유해성hazard'과 노출량을 함께 고려해야 하기 때문이다. 유해성이 크면 노출량이 적어도 피해가 클 수 있고, 반대로 유해성이 크더라도 노출량이 적으면 피해가 적을 수 있다.

문제는 노출량을 평가할 수 있는 근거 자료가 검출량만으로는 부족하다는 점이다. 단적인 예로 화학물질이 여성 생식기의 피부를 통해 체내에 얼마나 흡수되는지 측정한 연구가 거의 없다. 여성의 외음부 피부는 다른 피부에 비해 습도가 높고, 속옷에 폐쇄돼 있어 흡수율이 높다는 정도만 막연하게 알려져 있을 뿐이다. 차라리 역학조사를 하는 것이 더 빠르다는 주장이 나오는 이유다(실제로 정부는 환경부, 질병관리본부 등과 협력해 생리대와 여성 질환의 상관관계를 밝히기 위한 역학조사에 들어가겠다고 밝혔다).

한편 과학 기자로서 인체에 유해한 노출량이라는 '기준'에 대해서도 다시 보게 됐다. 그동안은 기준이 되는 양만 넘지 않으면 된다고 봤는데, '기준을 넘지 않는다=안전하다'고 보긴 어렵다는 생각이 들었다. 일회용 생리대도 같은 맥락에서 볼 수 있지 않을까. 실제로 관련해 다양한 의견들이 나오고 있다. 생리대, 기저귀 같은 특정 제품은 노출량을 묻지 않고 유해성만으로 엄격하게 관리해야 한다는 의견, 제품에 꼭 필요한 성분이라면 위해성을 따질 시간에 새로운 대안 성분을 개발해야 한다는 의견 등이다.

과학이 이런 의견에 옳다 그르다 명확한 답을 주긴 어렵다. 인체는 신비로울 정도로 제각각이고, 선택에는 사회적 편의성, 경제성의 문제가 복잡하게 얽혀 있다. 하지만 고민을 포기할 수는 없다. 논란이 길어질수록 중간에 있는 소비자들의 불안만 더 커질 것이기 때문이다.

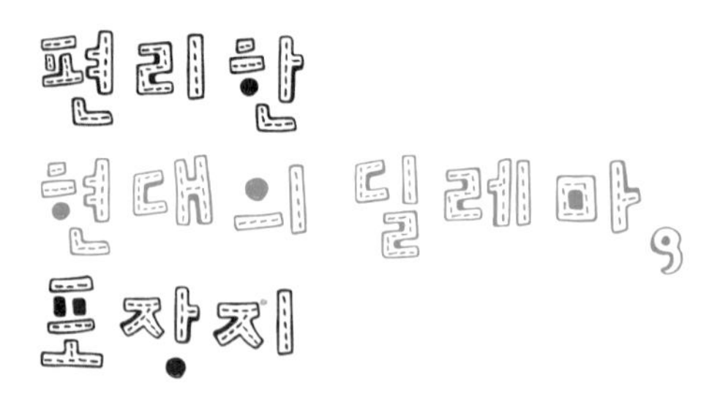

“이게 얼마 만에 한강이냐! 다들 준비는 했겠지?”

간만에 모인 동기들은 저마다 준비해온 점심을 꺼냈다. 피자, 치킨, 편의점 도시락, 피크닉 메뉴의 정석이라고 할 수 있는 샌드위치까지. 완전히 뷔페였다.

“비빔밥도 있어? 참기름까지 포장이 되는 거야? 우리 대학 다닐 때에 비하면 세상 참 좋아졌어.”

“그런 회상체 쓰면 늙은 거라던데.”

친구의 면박에 조금 찔리긴 했지만 편의점식 비빔밥은 정말 놀라웠다. 여덟 가지 속 재료가 구절판 같은 그릇에 가지런히 담겼고 고추장, 참기름은 별도 포장돼 있었다. 밥은 비비기가 편하도록 넉넉한 용기에 담겼다. 요즘 간편 음식이 대세라더니 일회용 포장 기술이 발전한 덕분인 듯했다. 한강에는 우리 같은 사람이 많았다. 쓰레기통마다 일회용 포장지가 수북이 쌓이다 못해 흘러넘쳤다. 문득 얼마 전에 읽은 논문 한 편이 떠올랐다.

'일회용품 포장지 3개 중 1개에서 플루오린 성분 검출.'

미국 침묵의 봄 연구소 로렐 샤이더, 미국 캘리포니아주 독성물질관리국 시모나 발안, 미국 호프칼리지 화학과 마가렛 디킨슨 등 공동 연구팀이 과불화화합물[10]이 식품 포장지에 널리 쓰인다는 점을 잠재적인 문제로 지적한 논문이었다.

과불화화합물은 탄소가 여러 개 결합한 탄화수소의 기본 골격에서 수소가 플루오린으로 치환된 물질이다. (언뜻 지네처럼 생겼다!) 재밌는 건 과불화화합물의 특성이다. 탄소에 붙은 플루오린 성분이 워낙 안정해 표면장력이 실리콘보다도 낮다. 덕분에 발수력(물을 튕겨내는 성질)이 좋고, 열을 가해도 안정적이며 먼지가 묻지 않고 심지어 기름도 스며들지 않는다. 페인트, 종이, 조리도구, 특히 포장지 등에 다양하게 쓰인다. 하지만 탄소와 플루오린의 강한 결합력 때문에 암을 유발하는 발암성과 생물체 내에 쌓이는 농축성 또한 높다.

미국 연구팀은 미국 전역의 패스트푸드 레스토랑에서 음식을 포장하는 일회용품 407개 샘플을 수집해 과불화화합물이 얼마나 들어 있는지 측정했다. 샘플은 포장지, 비접촉 포장지, 포장용 판지, 종이컵 등 여섯 가지. 이것들을 메탄올에 넣은 뒤 180초 동안 양성자빔을 쪼였다. 플루오린이 양성자빔을 받고 방출하는 감마선을 측정하기 위해서다.

측정 결과 전체 샘플의 33%는 검출 한계(16nmol/cm^2) 이상의 플루오린이 검출됐다. 많은 것은 50배인 800nmol/cm^{2}에 달했다. 플루오린이 검출되는 비율은 피자 박스와 같은 포장용 판지에서보다 햄버거 포장지와 같은 접촉식 포장지에서 더 높게 나타났다. 연구팀은 "음식을 먹는 사람이 과불화화합물에 간접적으로 노출될 수 있다"고 경고했다. 연구 결과는 《환경과학기술레터스》 2017년 2월호에 실렸다.

"오 마이 갓, 지금까지 먹은 햄버거가 몇 개인데."

그날 밤 황급히 우리나라의 실태를 조사했다. 우리나라에도 환경부와 국립환경과학원이 2013년 발표한 '과불화화합물의 제품 이용 실태 및 관리 방안 마련' 보고서가 있었다. 좀 들여다보니 과불화화합물이 어떤 제품에 쓰였는지 찾는 것보다 안 쓰인 제품을 찾는 게 더 빠르겠다는 생각이 들었다. 한국생산기술연구원과 국가공인시험검사기관(KOTITI) 시험연구원이 조사한 16개 제품군 중 14개에서 과불화화합물이 쓰이고 있었다(품목별로는 300점을 분석한 결과 약

17%인 51개 제품에서 검출됐다). 사용 비율이 높은 제품군은 프라이팬과 코팅 주방용기, 방수가공 아웃도어, 오염방지 가공 카펫, 어린이용 가방, 일회용 식품 포장용 종이였다. 음식과 직접 접촉하는 위생접시와 종이호일에서도 과불화화합물이 검출됐다.

"일회용 포장용 종이의 경우 입에 닿을 가능성이 많기 때문에 노출량이 다른 제품군에 비해 높을 수는 있습니다. 하지만 위해성을 따질 때는 화학물질이 단순히 들어 있는지 들어 있지 않은지 여부가 중요한 게 아닙니다. 피부에 얼마나 흡수되는지, 사용 특성과 빈도를 종합적으로 고려해야 합니다."

김재우 KOTITI 시험연구원 미래환경분석본부장은 과불화화합물의 용출량이 걱정할 필요 없는 수준이라고 말했다. 제품을 빨거나 피부에 접촉시키는 과정을 가정해 실험했는데(시료 추출용 장치에 넣고 인공 침, 인공 땀으로 시료를 추출했다) 녹아 나오는 과불화화합물의 농도가 모두 검출 한계 미만이었다고 설명했다.

아무리 미량이라도 2013년에 조사를 하기 전까지 과불화화합물이 그동안 어떤 제품에 쓰였는지 몰랐다는 건 문제가 아닐까. 물론 전 세계적으로 과불화화합물의 생산량과 사용량이 점차 줄어드는 추세이긴 하다. 건강에 악영향을 준다는 연구 결과가 쌓이면서 소비자단체의 눈치를 많이 보는 미국의 주요 제조업체들은 자발적으로 대표적인 과불화화합물을 제품에 사용하지 않겠다고 밝혔다. 의류 산업계도 변하고 있다. 과거에는 방수를 위해 원단을 코팅하는 과정에서 어마어마한 과불화화합물 폐수가 배출됐다. 그러나 최근 들어 20개가 넘는 글로벌 의류 기업들이 위원회를 결성해 생산 과정 전반에 유해화학물질을 사용하지 않겠다고 발표했다. 미국은 환경보호청(EPA)이 직접 일부 과불화화합물의 생산을 관리하고 있다.

하지만 여전히 문제가 남아 있다. 유럽 같은 선진국에서 규제하는 과불화화합물이 굉장히 일부라는 점이다. 과불화화합물은 탄소수나 작용기를 바꿔 매우 다양하게 만들 수 있다. 규제하는 물질과 작용기 하나만 달라도 규제를 피할 수 있다는 뜻이다. 이렇게 규제를 운 좋게 통과한 과불화화합물이 지금도 꾸준히 생산되고 있다.

"과불화화합물은 워낙 다양한 구조와 용도로 사용돼왔기 때문에 대체물질이 확보돼야만 규제가 가능할 겁니다."

의류용 비불소계 발수제를 개발하고 있는 최은경 한국생산기술연구원 섬유연구그룹 수석연구원은 과불화화합물을 규제하는 것은 현실적으로 어렵다고 말했다. 그래서일까. 국내에는 미국이나 유럽 같은 제한적인 규제조차도 아예 없다. 아직까지는 과불화화합물을 관심대상물질로만 정해두고 유통량, 배출량 등을 조사하는 중이다. 이런 경우 미국의 글로벌 기업들이 유해한 특정 과불화화합물을 더 이상 생산하지 않는다고 해도, 다른 나라에서 수입한 과물화화합물 포함 제품을 국내 소비자들은 모르고 쓸 수밖에 없다. 규제 대상이

피자
다 식어요~
PIZZA
PIZZA
중얼 중얼
코팅할 때 폐수가 발생했겠지
다 쓰고 매립하면 과불화화합물 침출수가...

아니기 때문에 제품에 어떤 물질이 얼마나 쓰였는지 확인하기 어렵기 때문이다.

'피자를 유리나 플라스틱 그릇에 담아준다면?'

마감 중 간식으로 배달시킨 피자 박스를 보면서 이런 상상을 해봤다. 소스가 잔뜩 묻은 그릇을 설거지하고, 부피가 큰 플라스틱 그릇을 꾸역꾸역 가방에 담는 건 상상만으로도 끔찍했다. 그런 의미에서 소스가 묻지 않게 매끄럽게 코팅된 종이 박스는 대단한 발명품이 분명했다. 그런데 한편으론 피자 박스가 만들어지고 소각되는 과정이 눈에 밟혔다. 과불화화합물로 코팅하는 과정에서 1차적으로 폐수가 발생했을 것이고, 다 쓴 뒤엔 소각하거나 매립하는 과정에서 2차적으로 침출수가 나올 것이다. 그렇다고 내일부턴 피자를 아예 안 시켜 먹을 수는 없는 노릇이고. 과불화화합물 포장지는 편리한 현대의 딜레마다.

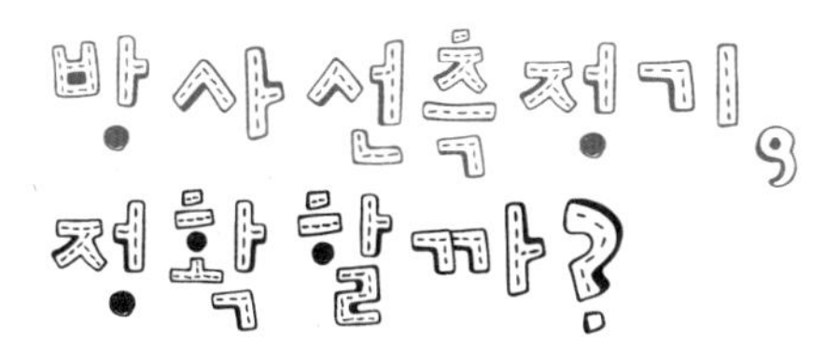

“일본에 사고가 워낙 크게 났잖아요. 그 뒤로는 생선을 살 때는 원산지를 꼭 확인해요.”

2013년 9월, 대형마트의 수산물 코너. 저녁 준비로 한창 붐빌 시간인데 매대는 한산했다. 뉴스 시간에 임박해 겨우 주부 한 명의 인터뷰를 따냈다. 원전 사고가 난 지 2년 반이 지난 시점이었는데도 시민들의 트라우마는 여전했다. 아니, 사고 원전에서 방사능 오염수가 추가로 유출됐다는 소식이 뒤늦게 퍼지면서 불안감이 더 커진 듯했다. 마트에서는 휴대용 방사선측정기를 동원해 손님들을 안심시키고 있었다.

'그림이 좀 되겠는데?'

순간 방송 기자의 촉이 발동했다. 수산물 코너 직원에게 측정기를 빌려 와 원양산 명태를 측정해봤다. 결과는 1시간당 0.2uSv(마이크로시버트). 국제원자력기구(IAEA) 기술보고서의 식품 섭취 제한 권고 기준이 시간당 1μSv이니 인체에는 무해한 수준이었다. 그런데 그냥 넘어가려니 좀 이상했다. 방사능 측정기 두는 위치를 조금 달리했더니 측정값이 치솟았다. 측정값은 다른 생선에서도 널을 뛰었다.

"선배… 기계가 좀 안 맞는 것 같아요."

"쉿! 조용히 얘기해."

카메라팀 선배가 말릴 새도 없이, 마트 직원들과 손님들의 따가운 시선이 쏠렸다.

"이건 완전 상술……(읍)."

모든 문제는 '그날' 시작됐다. 2011년 3월 11일은 전 세계가 잊을 수 없는 최악의 금요일이었다. 일본에 규모 9.0의 지진이 나면서 40m 높이의 쓰나미가 후쿠시마를 덮쳤다. 이 사고로 1만 5000명이 넘는 사람들이 목숨을 잃었다. 또 원자력 발전소가 폭발해 핵연료봉이 녹아내리면서 방사성 물질이 대량 유출됐다. 일본은 즉시 사고 수습에 들어갔지만 이미 방사성 물질이 바다로 흘러나간 뒤였다. 이것들이 수산물에 축적되면 식탁에 오르는 것은 시간문제. 불안한 소비자들은 가격이 수십만 원에 이르는 휴대용 방사능 측정기를 구매하기 시작했다.

그러나 원자력안전위원회는 "일반적인 휴대용 측정기는 음식물 섭취 기준 내외의 낮은 방사능 농도에서는 자연방사선에 의한 영향과 구별이 용이하지 않기 때문에, 음식물의 오염 여부를 판단하기에는 적합하지 않다"고 밝혔다. 특히 즉흥적이고 항상 변동하는 측정 조건에서는 측정 결과의 신뢰도가 낮기 때문에, 음식물 내 세슘이나 요오드가 허용기준치를 만족하는지 여부를 판단하기 위해서는

방사성 핵종[11]별 농도를 정확하게 측정할 수 있는 고가의 핵종분석기를 사용해야 한다고 설명했다.

식품 속 방사성 물질을 검출하는 것이 얼마나 까다로운지는 식약처의 수산물 방사능 검사 과정을 봐도 알 수 있다. 식약처는 여기에 1억 원이 넘는 장비를 사용한다. 식품공전에 나와 있는 '검체의 채취 및 취급 방법'에 따라 고체는 먹을 수 없는 부분을 제거해서 가루로 만들고, 액체는 용기에 담아 1000mL의 시료를 준비한다. 이것을 고순도 게르마늄 검출기에 넣어 방사성 핵종을 찾아낸다. 시료에서 특정 스펙트럼의 방사선이 검출되면 그것을 내는 원인 물질이 무엇인지 역추적한다. 이렇게 한 가지 시료를 분석하는 데 총 3시간이 걸린다.

"일반 시민들은 그런 절차를 잘 모르니까, 휴대용 측정기에 의존하는 것도 이해는 가."

카메라팀 선배의 말에 고개를 끄덕였다. 전문가가 느끼는 불안과 시민이 느끼는 불안, 과학 기자가 생각하는 불안감은 모두 다를 터였다. 특히 방사능은 눈에 보이지 않기 때문에 막연한 공포가 더 크다. 개념도 생소하다. 사람들이 흔히 혼동하는 것이 어떤 물질이 가진 방사능과 그것이 생체에 미치는 손상 정도다. 방사능Radioactivity은 말 그대로 불안정한 핵이 방사선을 내는 능력이다. 방사능의 세기를 표시하는 단위는 Bq(베크렐)로, 현재 일본산 수산물에 대한 세슘 검출 기준이 1kg당 100Bq, 요오드 검출 기준이 300Bq이다.

그런데 방사능에 노출될 때 사람이 받는 영향, 즉 방사선량은 Sv(시버트)라는 다른 단위를 쓴다. 피폭에 의한 영향은 피폭 시간과 피폭 방법에 따라 크게 달라진다. 가령 사고 당시 일본 후쿠시마 원전에서 한 시간 동안 받는 방사선량은 1200μSv였다. 통상 일반인이 1년 동안 자연스럽게 노출되는 방사선량은 2400μSv 정도다. 한편 방사성 물질이 우리 몸에 축적돼서 입는 피해도 극미량이나마 생길 수 있다. 예를 들어 반감기가 30년으로 긴 '세슘 137'을 포함하고 있는 생선을 장기간 먹는다면 우리 몸에도 일정량의 세슘 137이 쌓인다. 이것이 몸속에서 꾸준히 방사선을 방출해 세포를 파괴할 수도 있다.

"일본 수산물에 대한 공포는 사고 후 6년이 지난 지금도 현재 진행형입니다. 그런데도 일본은 우리나라의 수산물 수입 금지조치에 반발해 세계무역기구(WTO)에 제소를 했습니다. 이게 문제가 없다고 보십니까?"

"글쎄요. 일본 사람들이 수산물을 계속 먹는 데는 이유가 있지 않을까요?"

흥분한 나와는 달리 리처드 로버츠 미국 노스이스턴대 석좌교수의 목소리는 차분했다. 1993년 노벨 생리의학상을 받은 그는 2016년 'GMO 반대 운동의 중단을 촉구하는 성명'을 내는 등 과학자로서의 사회적 목소리를 내왔다. 2017년 10월 행사 참석 차 방한한 그에게 방사능 오염 수산물을 둘러싼 일본과 한국의 갈등 상황을 알렸다. 정확히는 일러바쳤다. 그런데 그의 대답은 의외였다. 소비자가 느끼는 불안도 중요하지만 선택을 내릴 때는 과학적인 팩트를 따지고 경제적인 문제를 고려해야 한다고 그는 말했다.

순간 사수인 강석기 선배가 최근 기사에서 다룬 논문이 생각났다. 학술지 《해양과학연간리뷰》 2017년호에 실린, 원전 폭발 이후 5년 동안 바다로 유출된 방사성 핵종 현황을 정리한 논문이었다. 논문에 따르면 사고 원전에서 더 이상의 대규모 유출은 일어나지 않는 게 사실이다. 또 발생한 대부분의 방사성 핵종이 바다로 흘러 들어갔는데, 이들의 유출 경로를 조사해보니 직접 유출된 방사성 핵종의 양이 생각보다 적었다. 5PBq(페타베크렐, 베크렐은 방사능의 단위이고 페타는 10의 15승, 즉 1000조를 뜻한다)이었다. 사실 그것보다 세 배 많은 양이 대기에서 낙진으로 바다에 떨어졌다. 그리고 이것들은 사고 한 달 뒤부터 급감했다. 방사능 현상이 한 고비 넘겼다는 뜻이었다.

그럼에도 마음을 놓을 수 없는 이유는 지하수를 타고, 또 강을 따라 지금도 꾸준히 방사성 핵종이 바다로 흘러가고 있기 때문이다. 이들의 양은 각각 15~20TBq(테라베크렐, 1조 Bq), 10~12TBq로 적은 걸로 조사됐지만 세슘 137의 반감기가 30년인 것을 감안하면 앞으로도 수십 년 동안 더 해양생물에 영향을 미칠 수 있다.

일본 수산물이라고 모두 똑같이 위험한 것도 아니었다. 수면 가까이에 서식하는 고등어나 참치 같은 어류는 대부분 사고가 난 이듬해부터 식품 방사선 수치가 허용치(100Bq/kg) 이하였다. 반면 수심 깊은 지역에 서식하는 가자미나 광어 같은 어류는 이런 수치가 전반적으로 높았다. 방사성 핵종이 해저에 꽤 쌓였을 것으로 추정할 수 있는 대목이다.

그 밖에도 일본 후쿠시마 원전 사고의 영향을 연구한 자료는 수없이 많았다. 자료를 하나씩 열어볼 때마다 과학자들이 팩트를 업데이트해 나갈 동안 과학 기자로서 너무 무관심했다는 반성이 들었다. 논문이 항상 옳은 것은 아니고, 아무리 잘 쓴 논문이 나와도 대중들의 불안감은 사라지지 않겠지만, 그럴수록 과학자와 대중 사이 가교 역할에 좀 더 충실해야겠다고 생각했다.

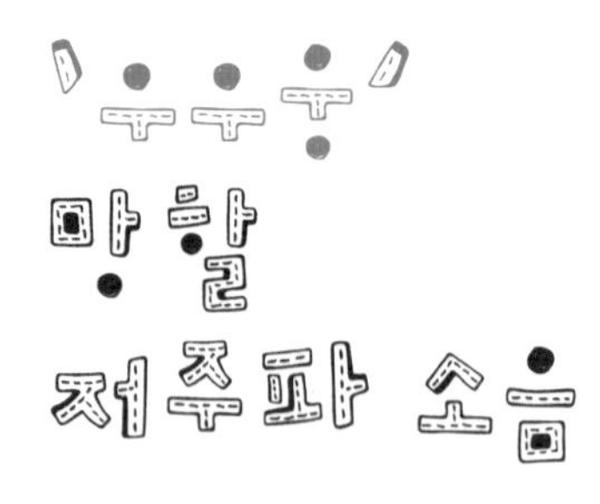

"도대체 시끄러워서 기사를 쓸 수가 없네!"

사무실 자리를 박차고 일어났다. 기사 쓰기 싫어서 별짓을 다 한다는 소리를 들을 게 뻔했지만 더는 참을 수가 없었다. 이유는 꼴통 노트북에서 나는 '우우웅' 하는 소음. 아무래도 쿨링팬이 돌아가는 소리인 것 같은데 갈수록 거슬렸다. '우우웅.' 왜 신경 쓰지 않으려고 하면 더 크게 들리는 그런 소음 있잖은가. '우우웅.'

기사 때문에 예민해진 걸까. 조용히 옥상에 올라갔다. 온 도시를 발아래로 내려다보면서 크게 한숨 들이마시면 온몸이 힐링……은 개뿔. 더 큰 실외기 소리가 귀를 찔렀다. '우우웅.' 망할 저주파 소음,

기사로 다뤄주겠어.

"무슨 소음?"

"저주파 소음이요."

예상대로 데스크의 반응은 시큰둥했다. 사람마다 소음을 느끼는 기준이 다르지만, 흔히 소음이라고 하면 시끄럽게 큰 소리, 불협화음, 높은 주파수의 음을 떠올린다. 하지만 200Hz 이하로 주파수가 낮은 소리도 누군가에게는 소음이 될 수 있다. 사람이 들을 수 있는 소리의 주파수는 20Hz에서 2만Hz이기 때문에 200Hz의 소리는 너무 낮아 잘 안 들리거나, 청각이 둔한 사람은 의식하지 않으면 들을 수 없다.

하지만 몸은 느낀다. 작지만 규칙적으로 반복되는 저주파 소음에 계속해서 노출되면 스트레스를 받을 때처럼 아드레날린 호르몬이 많이 나온다. 심장 박동과 호흡수도 바뀐다. 대표적인 증거가 기차나 버스 같은 대중교통에서 잠을 푹 자지 못하는 것이다. 이는 상당 부분은 저주파 소음 탓이다. 한국표준과학연구원에서 조사한 결과 대중교통 내부 저주파 소음은 심각한 수준이다. 지하철 안에서는 6.3~8Hz 주파수의 소리가 95dB로, KTX 안에서는 10~12Hz의 소음이 100dB로, 버스 안에서는 12.5Hz의 소리가 97dB로 발생했다. 이런 소음이 만약 가청 대역이었다면 귓가에서 록밴드가 연주를 하는 수준이다. 같은 현상이 모터를 사용하는 제품이 많은 가정이나 사무실에서도 분명 심각할 것이었다.

"온수매트를 쓴 뒤로 밤에 깰 때가 많아요."

수소문 끝에 사례자를 찾았다. 대전에 사는 한 주부는 손자 때문에 온수매트를 사용한 이후 잠을 설치는 일이 많다고 했다. 촬영을 집에서 해도 된다는 허락을 받고 정성수 한국표준과학연구원 박사와 함께 찾아갔다. 정 박사는 매의 눈으로 집 안을 스캔하며 가전기기의 소음을 측정했다.

"곳곳에 많네요. 보일러, 냉장고, 세탁기……."

결과는 충격적이었다. 보일러의 경우 30~80Hz 사이의 저주파 소음이 48~55dB 수준으로 나오고 있었다. 폴란드, 네덜란드, 스웨덴 같은 외국에서 정한 저주파 소음에 대한 기준값을 넘는 수치였다. 냉장고도 시끄럽긴 마찬가지. 60Hz 대역의 소음이 71dB로 특히 높게 측정됐다. 세탁기는 탈수를 할 때 세탁할 때보다 훨씬 높은 저주파 소음을 냈다. 사연의 중심이었던 온수매트는 10~80Hz 대역의 소음이 50dB가량으로 골고루(?) 나왔다. 역시 권고 기준치를 뛰어넘었다. 온수매트 안에 따뜻한 물을 순환시키는 펌프에서 나는 소리였다.

70Hz로 웡 웡 웡!..
으아~
머리 지끈지끈
할머니
왜 그래요?
응애

“요즘 나오는 세탁기나 냉장고 모델은 크기가 엄청 크잖아요. 저주파 소음을 잡는 문제가 앞으로 더 중요해질 것 같아요.”

“그러게요. 예전에는 전자파 걱정만 했는데 이제는 저주파 소음까지……”

걱정하는 사례자를 두고 서울로 올라오는 길. 취재는 무사히 마쳤지만 마음이 무거웠다. 국내에는 저주파 소음을 규제할 뚜렷한 기준이 없었기 때문이다. (저주파 소음을 처음 취재한 것이 2013년인데 2018년 현재까지도 그 기준은 마련되지 않았다. 풍력발전기에서 나오는 저주파 소음 피해만 간혹 논란이 되고 있다.)

그리고 마음이 무거운 이유가 또 있었다. 취재 결과, 저주파 소음으로 고통을 호소하는 환자는 주로 50대 이후라고. 스무 살이 지나면 청력이 서서히 감퇴하는데 청력 손실이 고주파수 대역에서부터 진행되기 때문에 노인들이 저주파 소음에 민감하다고 한다. 고령화 사회로 접어드는 시점에 의미 있는 기사였다만 왠지 씁쓸했다. 어쩐지.

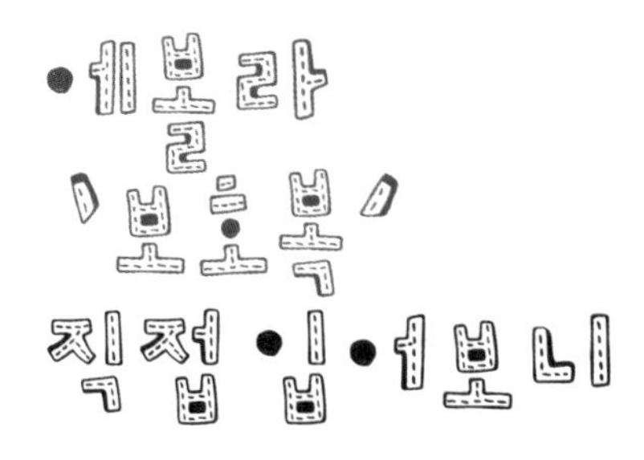

"아직 많이 남았나요? 벌써 열 가지는 입은 것 같은데……."

영하 10℃의 강추위가 무색하게 옷 안에선 굵은 땀방울이 뚝뚝 흘렀다. 얼굴에 쓴 보호구엔 습기가 차 앞이 뿌옜다. 마스크를 이중으로 쓴 탓인지 조금만 움직여도 숨이 가빠왔다.

때는 2014년 12월, 에볼라 바이러스에 대한 공포가 정점에 이르렀던 시기였다. 2014년 초 서아프리카를 중심으로 확산된 바이러스는 1년 만에 1만 명이 넘는 목숨을 앗아갔다. 우리 정부는 에볼라 피해국에 약 30명의 의료진을 파견했다. 바이러스에 대응하는 국제사회의 노력에 인도적으로 동참하는 차원이었다.

하지만 한국 의료진의 전문성을 고려하지 않은 무모한 결정이라는 반대도 컸다. 환자와 접촉이 많은 의료진들이 에볼라 바이러스에 감염될 확률은 최고 20%에 달하기 때문이다. 당시 서아프리카에 의료진을 파견한 나라는 우리나라와 영국, 미국과 중국 등 7개 나라뿐이었다. 또 실제로 시에라리온에 파견된 한국 의료진 한 명이 에볼라 환자의 혈액이 담긴 주삿바늘에 직접 접촉되는 아찔한 사고도 있었다. 에볼라 바이러스의 최전선에서 우리 의료진을 지켜줄 유일한 '보호막'은 어떻게 준비돼 있을지, 직접 입어보기로 했다.

"하아……."

하지만 보호복을 입기 시작한 지 20분째, 슬슬 한숨이 나왔다. 종류가 많아도 너무 많았다. 미국 질병통제예방센터(CDC)는 현지 의료진들에게 전동식 호흡 장치 또는 이중 마스크, 전신 방호복과 이중 장갑, 장화, 덧신, 앞치마까지 착용할 것을 권장하고 있었다. 한겨울에 입는 것도 지치는데, 기온이 40℃를 웃도는 현장에서 입는다고 생각하니 현기증이 났다.

"보호 장비는 '방수'와 '밀봉'이 기본 원칙이니까요."

그러나 손태종 질병관리본부 공중보건위기대응과 연구사는 사정을 봐줄 태세가 전혀 아니었다. 그는 보호복을 꼼꼼하게 입어야 하는 이유를 차근차근 설명했다. 보호복은 혈액 투과 실험과 바이러스, 박테리아 투과 실험 등을 모두 거친 특수 소재였다. 문제는 아무리 방수가 잘 되는 옷이라도 이음새가 부실하면 그 틈으로 나노미터 크기의 바이러스가 침투할 수 있다는 것이었다.

그는 보호복의 모든 솔기를 양면테이프를 이용해 단단히 고정하고 그것도 모자라 손목 소매 부분은 테이프를 감아 밀봉했다. 바이러스가 곧바로 침투할 수 있는 코와 입은 마스크를 이용해 이중으로 막았다. '미세먼지 마스크'로도 유명한 N95 마스크를 쓰고 수술용 마스크를 한 겹 더 쓰는 식이었다.

경우에 따라서는 전동식 호흡 장치를 사용하기도 한다. 전동식 호흡 장치는 머리에 쓰는 안면보호구와 허리에 차는 전동필터로 구성돼 있었다. 필터는 0.3μm 이내의 미세한 입자를 99.97% 이상 걸러낸 뒤 맑은 공기를 안면보호구에 공급한다. 에볼라 바이러스가 공기로 전염되지는 않지만, 기관 삽입 등의 고난도 수술을 할 때 의료진에게 체액이 튀는 것을 대비하기 위해서 사용한다.

"자, 이제 벗어볼까요?"

"아니, 방금 다 입었는데 벌써 벗어요?"

"보호복은 입는 것보다 벗는 것이 더 중요해요. 대부분의 감염 사고는 오염된 보호 장비를 벗는 동안 발생합니다."

"얼마나 힘들게 입은 옷인데……."

핑계를 댔지만 사실은 두려웠다. 외신에서 감염된 환자들의 혈액이 보호복에 잔뜩 묻어 있는 사진을 너무 많이 본 탓이었다. 자칫 실수라도 하면 치명적인 에볼라 바이러스에 곧바로 감염될 것만 같았다. 하지만 아프리카 현장에서는 보호 장비를 오래 착용하려야 할 수가 없다. 기온이 40℃가 넘어 2시간 이상 버티기가 힘들다. 보호복을 입고 벗는 일이 잦을 수밖에 없다.

손을 소독한 뒤 왼손에 낀 장갑부터 천천히 벗었다. 땀이 차서 잘 벗겨지지 않았다. 오른손에 좀 더 힘을 줘 잡아당겼다. 그러다 왼쪽 장갑 안쪽에 오른손이 살짝 닿았다. 그 순간 감독관이 말했다.

"방금 에볼라 바이러스에 오염됐습니다."

보호 장비를 벗는 데는 세 가지 지침이 있었다. 보호 장비를 한 겹씩 벗을 때마다 오염을 확인하고 소독액을 발라 소독할 것. 장비의 표면이 안쪽으로 감싸지도록 돌돌 말아서 벗을 것. 마지막으로 모든 탈의 과정을 감독관이 지켜보는 상태에서 진행할 것.

간단해 보이지만 결코 아니었다. 숙련된 사람들조차 안전하게 보호 장비를 벗으려면 30분이 걸린다고 한다. 초짜인 나는 보호 장비를 벗는 동안 '에볼라 바이러스에 오염됐다'는 지적을 다섯 번이나 받았다. 실제 상황이었다고 생각하니 아찔했다.

사고는 특히 무의식적인 행동에서 많이 발생했다. 머리카락 매무새를 다듬거나 땀을 닦기 위해 머리에 손을 접촉하는 순간 곧바로 경고가 떨어졌다. 안면보호구를 벗을 때도 편하게 목 부분을 잡고 벗는 게 아니라 정수리 쪽을 잡고 벗어야 했다. 보호복의 지퍼를 내리기 위해 지퍼 근처를 손으로 더듬는 행동도 금지였다. 오죽하면 실제 아프리카 현장에서는 의료진이 실수하지 않도록 감독관이 주의 지침을 한 줄씩 큰 소리로 읽어준다고 할까.

"에볼라 바이러스가 두렵지 않다면 거짓말일 겁니다. 제가 시에라리온 치료소를 방문한 날에도 치료소에 근무하던 의사 두 명이 감염됐으니까요. 해야 할 일을 하는 것이라고 생각하면서 겨우 마음을 다잡았습니다."

의료진을 파견하기 전, 선발대로 시에라리온에 직접 방문했던 정진규 외교관 개발협력국 심의관은 인터뷰에서 이렇게 말했다. 다행히 목숨을 걸고 환자들을 치료한 의료진들은 이후 한 달간의 활동을 마치고 무사히 귀국했다. 의료진 수가 턱없이 부족한 상황에서 장시간 보호복을 입고 작업하느라 탈수 증상을 겪는 등 우여곡절이 많았다고 한다.

바이러스와의 전쟁을 영원히 끝낼 수는 없다. 중증급성호흡기증후군(SARS)이나 신종인플루엔자 A(H1N1) 사례를 통해 알 수 있듯, 바이러스는 일정한 주기로 모습을 바꿔 계속 출현하기 때문이다. 개인적으론 한국의 의료진 파견이 '제2의 에볼라'가 나왔을 때 어떻게 대처해야 할지 준비하는 계기가 됐다고 믿는다. 미국의 시사주간지 《타임》은 2014년 올해의 인물로 '에볼라 전사들The Ebola Fighters'을 선정했다.

공대 여자
영해 씨

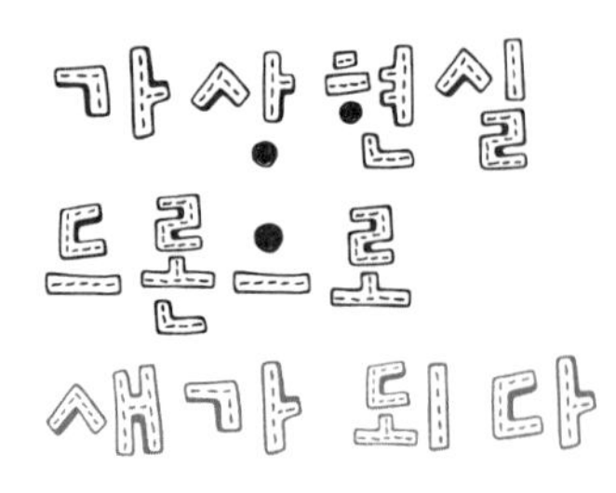

"엎드리세요."

"예?"

"엎드린 뒤에 양팔을 활짝 펴고 움직여보세요."

맥스 라이너 스위스 취리히예술대 인터랙션디자인학과 교수는 자신의 연구실에 있는 안마기 같은 요상한 흰 기계 위에 다짜고짜 엎드릴 것을 권했다. 헤드셋과 선풍기까지 연결된 이 기계의 정체는 무엇일까. 반신반의하며 초면인 그의 앞에서 대자로 엎드렸다.

헤드셋을 쓰고 두 팔을 벌리자 내 몸은 미국 뉴욕 맨해튼 시내를 훨훨 날고 있었다. 뾰족하게 솟은 마천루들의 윤곽이 생생히 다가왔다. 머리카락이 날릴 정도로 시원한 바람이 부는 것도 느껴졌다. 몸을 조금 숙이자 마천루 사이로 스카이다이빙하는 기분이 들었다. 조금 더 숙였더니 머리로 살짝 피가 쏠리면서 추락에 대한 공포감이 확 몰려왔다. 덜컥 헤드셋을 벗었다. 맨해튼 풍경이 순식간에 사라졌다.

"진짜 새가 됐죠? 가상현실VR, Virtual Reality 비행 시뮬레이터 '버들리Birdly'입니다."

나는 가슴이 벌렁거려 아무 대답도 할 수 없었다. 한국에서는 '새됐다'는 표현이 욕으로 쓰인다는 준비한 유머도 해주지 못할 만큼, 가상현실 비행은 충격적이었다.

2016년 9월 나는 가상현실 비행 시뮬레이션 분야의 권위자인 라이너 교수를 만나기 위해 스위스까지 날아갔다. 라이너 교수는 2014년 버들리를 개발한 이후 드론과 가상현실 비행의 결합을 추진하고 있다.

"지금 본 맨해튼 풍경은 비행기에서 촬영한 사진을 렌더링한 그래픽 영상이에요. 하지만 머지않은 미래에는 드론이 실시간으로 촬영한 영상을 바로바로 볼 수도 있겠죠."

라이너 교수는 드론을 활용하면 훨씬 생생한 경험이 가능할 것이라고 강조했다. 즉 조종자가 가보고 싶은 지역에 직접 드론을 띄우고, 이 드론이 촬영한 영상을 인터넷 생중계하듯 버들리로 전송하면 군이 해당 지역에 가지 않아도 집에서도 생생한 영상을 볼 수 있다는 뜻이다.

물론 그전에 먼저 해결해야 할 문제가 많다. 첫째는 맨해튼 같은 도심 한가운데서 드론을 날릴 수 없는 법적 문제를 해결해야 한다. 한국과 마찬가지로 드론을 날릴 수 있는 곳이 극히 제한적이기 때문이다. 둘째는 지구 반대편에서 띄운 드론의 영상을 지연 없이 보고, 드론의 움직임을 실시간으로 제어할 수 있어야 한다. 즉 버들리 헤드셋을 쓰고 고개를 돌리면 지구 반대편에 띄운 드론의 카메라가 돌아가야 한다. 또 이때 촬영되는 영상이 실시간으로 전달되는 등 상호작용이 잘 이뤄져야 새가 되는 실재감이 커진다. 라이너 교수는 "28GHz의 초고대역 주파수를 사용하는 5세대 이동 통신(5G) 기술 개발이 완료되면 가능해질 것"이라고 기대했다. 불가능할 것 같은 미션인데 그는 낙관적이었다.

"도대체 왜 이렇게 열심히 새가 되려고 하시는지……."

자꾸만 '새 됐다'는 욕설이 떠올랐지만 웃음을 꾹 참고 물었다.

"하늘을 날고자 하는 것은 인간의 오랜 꿈이니까요."

역시 진지한 답이 돌아왔다. 라이너 교수는 드론이 지금처럼 상용화되기 전인 2000년대 초부터 드론 조종을 즐겼다고 했다. 스마트폰 앱을 통해 드론을 띄우는 현재와 달리, 당시엔 무겁고 복잡한 조종기를 이용했다. 그런데 어느 순간부터 조이스틱을 이용하는 드론 조종이 시시하게 느껴졌다고. 라이너 교수는 결국 2년간 개발에 매달린 끝에 진짜 날아다니는 기분이 드는 버들리를 내놨다.

버들리는 기자처럼 별도의 훈련을 받지 않은 사람도 쉽게 탈 수 있다는 것이 장점이다. 새처럼 양팔을 퍼덕여 날갯짓을 하면 드론이 상승해 조종자의 몸이 저절로 뜨는 듯한 기분을 준다.

"이런 3차원 경험은 가난하거나 건강하지 못한 사람들도 세계 곳곳을 여행할 수 있도록 만들어줄 겁니다."

그의 마지막 말은 과학 기자의 가슴을 뛰게 했다. 여행은 가상현실 기술과 결합했을 때 가장 빛을 발할 수 있는 콘텐츠가 아닐까. 직장생활 9년차, 여행 경험은 돈, 시간, 건강 세 가지 중 어느 하나라도 부족하면 얻을 수 없다는 걸 절실하게 느끼고 있었다. 한 달에 절반은 취재, 절반은 마감을 하는 잡지 기자에게 장거리 미국 여행이나 친구와 함께하는 여행은 언감생심이었다.

"얼마면 될까요?"

우리 집에, 아니 우리나라에라도 한 대 있으면 얼마나 좋을까 가격을 물어봤다. 그러나 '억' 하는 가격을 듣고는 뛰는 가슴을 일단 진정시키기로 했다. 지금 당장 새가 될 수 있는 방법이 버들리밖에 없는 것은 아니었다.

"오, 뜬다! 뜬다!"

5일 뒤, 나는 프랑스 파리에 있는 세계 2위 상업용 드론업체 '패럿' 본사를 국내 미디어 최초로 방문했다. 패럿 사람들이 본 한국 기자의 첫인상은 호들갑 그 자체였을 것이다. 나는 본사 2층에 마련된 드론 시험장이 쩌렁쩌렁 울리도록 감탄사를 질렀다.

패럿은 드론과 헤드셋을 결합해 '가상현실 드론' 기술을 내놨다. 직접 헤드셋을 머리에 써보니 눈앞에 드론의 시야가 그대로 재현됐다. 드론이 이륙하자 신기하게도 몸이 공중으로 붕 뜨는 듯했다. 조금 어지러운 느낌이 들었다. 눈이나 뇌가 느끼는 움직임과 몸이 느끼는 움직임이 일치하지 않아 생기는 전형적인 '사이버 멀미 cybersickness'였다. 하지만 멀미는 애교였다.

"아아악~!"

3초 뒤, 이륙을 완료한 드론은 시험장 구석구석을 정신없이 날아다니기 시작했다. 분명 두 다리를 땅에 붙이고 서 있는데도 하늘을 나는 기분이 들었다. 드론이 벽에 빠른 속도로 접근할 땐 내 몸이 벽에 부딪칠 것 같아 오금이 저렸다. 그러나 조종을 하고 있는 패럿의 세드릭 델마스 이사는 "드론에 장애물 감지 기능이 있어 괜찮다"며 세상 편한 소리를 했다.

이날의 하이라이트는 '1인칭 시점' 체험이었다. 델마스 이사는 드론을 내 정수리 위에 띄운 뒤 정지 비행했다. 그러자 발아래로 VR

헤드셋을 쓴, 입을 떡 벌린 과학 기자 한 명이 보였다. 유체이탈 상태나 전지전능한 신이 돼 세상을 내려다보는 기분이었다. 너무 놀라 감탄사조차 나오지 않았다.

"나와 2km 떨어진 거리까지 드론을 날릴 수 있습니다. 드론이 눈에 보이지 않는 곳을 날고 있어도……."

델마스 이사에겐 미안한 일이지만 이후부터는 어떤 설명도 귀에 들어오지 않았다. 그것은 새가 되는 경험 그 이상이었다.

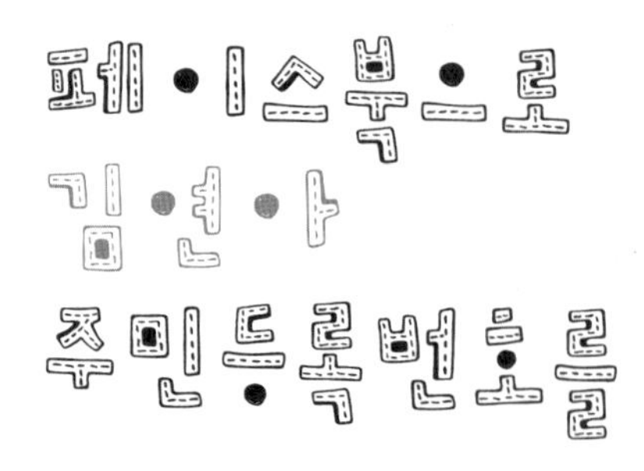

'아무리 그래도 김연아 선수는 건드리지 않는 게……'

'김연아 선수에게 무슨 억한 감정이 있어서 그러나? 유명인의 개인정보가 이렇게 쉽게 털린다는 걸 알리자는 취지잖아.'

'그건 알지만, 팬들이 화내면 뒷감당이 되겠어?'

'차라리 현직 대통령으로 해볼까? 출생지가 대구 중구 삼덕동……'

'아니, 아니 그만둬.'

간만의 단독 취재를 두고 머릿속이 복잡했다. 2014년 3월 당시는 개인정보 대량유출 사건의 충격이 채 가시지 않은 시기였다. 대한민국 주요 카드사에서 1억 400만 건의 개인정보가 유출된 사실이 6개월 뒤에 밝혀지면서 전국이 발칵 뒤집혔다. 이런 민감한 때에 페이스북에 올라와 있는 간단한 정보만으로 주민등록번호를 해킹할 수 있다는 기사는 그야말로 특종이었다. 취재 결과를 가장 효과적으로 보여주기 위해 김연아 선수의 주민등록번호를 해킹하기로 했다.

"그럼, 김연아 선수의 정보를 한번 넣어보겠습니다."

"잠깐만요! 아직 팬들에게 해명할 마음의 준비가……."

이윤호 서울과학기술대 교수는 비장한 표정으로 준비된 프로그램에 페이스북 등 인터넷으로 수집한 김연아 씨의 생년월일, 출생지 정보를 넣었다. 그러자 말릴 새도 없이 10초 만에 김연아 선수의 주민등록번호가 튀어나왔다.

"……이게 끝인가요?"

허무했다. 해킹은 예상보다 훨씬 더 간단했다. 같은 프로그램으로 우리는 배우 전지현 씨의 주민등록번호도 알아냈다. (전지현 씨 미안합니다.) 사소한 신상정보까지 인터넷에 돌아다니는 유명인들은 주민등록번호를 아예 드러내놓고 사는 셈이다.

일반인도 안심할 수는 없다. 이 교수팀은 페이스북에 생일과 출신 학교를 공개한 11만 5615명 중 45%의 주민등록번호를 알아내는데 성공했다. 그중에 나의 주민등록번호도 있을 것이라 생각하니

!!!
뉴스
오 마이갓...
해킹이 너무
쉽게 되네.
10초 만에 김연아 주민등록번호가!!!
WARNING!!

소름이 끼쳤다.

"너무 무서운 세상 아닌가요? 도대체 어떻게 가능한 거죠?"

"주민등록번호는 간단한 추론 알고리즘으로도 유추해낼 수 있거든요."

이 교수는 인공지능 추론 알고리즘을 사용하면 생년월일과 사는 곳, 출신 대학 등의 간단한 정보만으로 그 사람의 주민등록번호 후보를 오백 가지로 추릴 수 있다고 설명했다. 주민등록번호의 구성 원리가 매우 간단하기 때문이다. 앞의 6자리는 생년월일이고, 뒤의 첫째 자리는 성별, 둘째 셋째 자리는 출생지(시·도), 넷째 다섯째 자리는 세부 출생지(구·군·동), 여섯째 자리는 당일 출생신고 등록 순번, 일곱 번째는 위조방지 검증번호다. 서울 주민의 경우 출신 고등학교 지역과 태어난 곳이 일치할 확률이 70%나 된다.

그런데 여기부터가 기발하다. 이 교수팀은 프로그램으로 추론한 주민등록번호가 실제 번호와 일치하는지 실명인증 사이트를 이용해 확인했다. 실명인증 사이트는 이름과 주민등록번호를 기입하면 '일치한다' '일치하지 않는다'를 알려주는데, 신용평가기관을 통해 일치 여부를 확인한다. 연구팀은 이런 확인 과정을 해킹했다. 실명인증 사이트의 자체 보안이 워낙 취약해 전문가 수준의 해킹도 필요 없었다. 주민등록번호를 관리하는 안전행정부(현재의 행정안전부)를 비롯해 중앙부처와 많은 지방자치단체 사이트 10곳 중 5곳에서 주민등록번호와 이름을 대조하는 데 성공했다.

"실제 위법행위가 발생한 건 아니잖아요. 그것까지 법으로 귀속한다는 건 과도해 보이고. 본인이 위법행위를 하려다가 안 할 수도 있고……."

안행부 담당자의 반응은 안일했다. 이후 정부에서는 주민등록번호를 사용할 때 아이핀 등을 통해 재확인하는 제도를 의무화하겠다는 방침을 밝혔지만, 주민등록번호 대조에 대해서는 정교한 대책을 내놓지 못했다.

그리고 같은 해킹이 2017년 국감장에서 되풀이됐다. 국회 행정안전위원회의 행정안전부 국정감사에서 같은 방식으로 김부겸 행안부 장관의 주민등록번호를 알아맞히는 시연이 벌어졌다. 이때는 국민신문고 사이트의 실명 인증 시스템을 이용했다. 3년 동안 바뀐 게 하나도 없었다.

"주민등록번호를 바꾸면 이런 문제가 좀 해결될까요?"

주민등록번호 변경제도가 시행됐다는 소식을 듣고 간만에 이 교수에게 전화를 걸었다. 하지만 근본적인 대책은 될 수 없다는 게 그의 생각이었다.

"개인정보를 관리하는 체계가 근본적으로 바뀌어야 할 겁니다. 정보는 조합했을 때 막강한 힘을 가지니까요."

그는 사용자들이 입력하는 개별 정보가 추후에 합쳐지면 중요한 정보 유출을 야기할 수 있기 때문에 이를 사전에 막는 기술이 필요하다고 조언했다. 쉽게 말해 생일을 입력한 상태에서는 출생지 정보를 추가로 입력하지 못하도록 제한하는 식이다.

"사용자들도 생각이 바뀌어야 할 겁니다. 서로 관련성 있는 정보를 노출시키는 데 다들 무감각하니까요."

이 교수의 말에 마음이 찔렸다. 편리하다는 이유로 사이트 이곳저곳 아이디를 통합해서 사용하고, 본인인증 같은 보안 문구가 나오면 무진장 귀찮아하는, 딱 내 얘기였다. 모든 인증이 지문이나 홍채로 가능한 그날까지 나부터 조심하기로 했다.

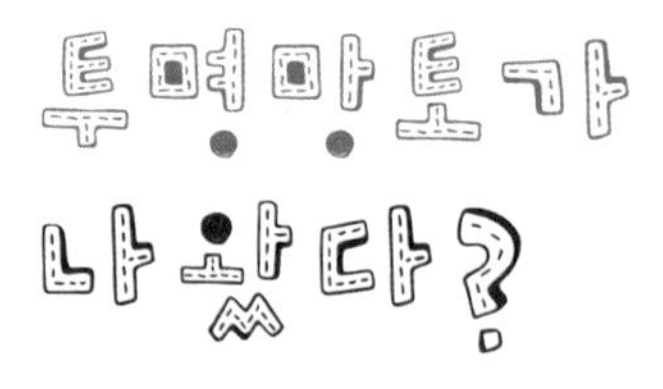

투명망토가 나왔다?

“눈앞의 사물을 사라지게 만드는 투명망토, 제가 한번 써보겠습니다.”

“으힉?”

화면을 보던 사람들이 전부 입을 떡 벌렸다. 목 아래부터 발끝까지가 완벽히 사라져버렸기 때문이다. 목만 둥둥 떠 있는 내 시연을 보며 경악하는 표정들이란. 인생에서 잊을 수 없는 몇 안 되는 짜릿한 순간 중 하나다.

비밀은 블루스크린을 이용한 크로마키 기법. 기상캐스터들이 매일 사용하는 방법이다. 처음 방송 기자로 일하게 됐을 때 기상캐스터들이 방송하는 모습이 정말 신기했다. 아무것도 쓰여 있지 않은 파란색 스크린 앞에서 방송을 하면 실제 날씨 뉴스에서는 지역별 기온과 주간 날씨가 배경으로 보였다. 서울, 대전, 강릉…… 보이지도 않는 지도 위의 도시들을 어찌나 정확하게 짚어내던지.

이때 딱 한 가지 주의할 점이 있다면 블루스크린의 파란색과 유사한 색의 옷을 절대 입어선 안 된다는 것이다. 영상에 촬영된 파란색 영역을 날려버리고 그 자리에 준비한 그래픽을 덧입히기 때문이다. 투명망토 아이디어는 여기서 착안했다. 역발상으로 푸른색 천을 망토처럼 두르고 블루스크린 앞에 섰다. 그리고 파란색 부분에 내가 서 있는 곳의 뒷배경을 덧입히면 끝. 참 쉽다.

"과학 기자가 이렇게 사기를 쳐도 되는 거야?"

비밀을 알게 된 같은 팀 동료는 황당하다는 듯 말했다.

"사기라니. 단지 시각적 효과를 극대화했을 뿐."

"말은 번지르르하지."

"기본 원리는 비슷할걸?"

실제로 투명망토의 기본 원리는 망토 뒤에 있는 가려진 사물의 빛을 앞쪽으로 돌아 나오게 만드는 것이다. 그러기 위해선 빛을 특별한 방법으로 굴절시키는 '메타물질[12]'이라는 소재가 필요하다. 마치 시냇물이 돌을 만났을 때 휘돌아 흘러가듯, 빛이 물체의 가장자

WOW
머리까지 길어서 더 무섭잖아~
푸하하
놀래키는 거 꿀잼
ㅋㅋㅋ
오잉? 사기 아냐?
뭐.. 뭐지?
어떻게 한 거지?

리를 따라 지나가게 하는 것이 관건이다. 이것을 '음의 굴절률'이라고 한다.

"에이, 그런 물질이 어딨어."

여기 있다. 메타물질을 처음 개발한 사람은 존 펜드리 영국 런던 임페리얼대 교수와 데이비드 스미스 미국 듀크대 교수였다. 1990년대 레이더에 탐지되지 않는 전투기 소재를 연구하던 펜드리 교수는 2006년 스미스 교수와 함께 실제로 너비 5cm, 높이 1cm인 작은 구리관을 사라지게 만들었다. 연구팀은 구리관 주변에 동심원을 그리듯 10장의 메타물질 성벽을 세웠다. 그리고 8.5GHz의 전자기파(빛)를 휘돌아 가게 해서 구리관을 은폐시켰다.

이렇게 시작된 투명망토는 점점 더 발전했다. 여기엔 한국인 과학자도 크게 기여했다. 김경식 연세대 기계공학과 교수팀은 2014년 세계 최초로 휘거나 접을 수 있는 투명망토를 개발했다. 과거의 메타물질은 조금이라도 접으면 은폐 기능을 잃었다. 빛이 휘게 하기 위해 메타물질 각 부분의 굴절률을 정밀하게 계산해 만들었기 때문이다. 이대로라면 아무리 사이즈를 키워도 망토처럼 몸에 두르는 건 꿈도 못 꿀 일이었다.

김 교수팀은 스펀지처럼 탄력적인 재료로 만들면 이런 문제를 해결할 수 있다는 아이디어를 냈다. 탄력적인 재료라면 접힌 부분이 눌리면서 그 부분의 굴절률이 적절하게 변할 것이라 예상한 것이다.

그가 개발한 메타물질은 다리가 4개인 사다리가 수백 개 가로세로로 늘어선 꼴의 구조를 이루고 있다. 이 물질은 세게 눌러도 은폐 기능이 유지된다.

"물론 해결해야 할 것들이 좀 남아 있긴 해."

"뭔데?"

"접을 수 있는 메타물질이 아직 가시광선 영역에서 물체를 투명하게 만들지는 못하거든. 마이크로파 영역에서는 가능한데. 아쉽다."

"그게 무슨 뜻인데."

"눈에는 그냥 보인다는 뜻이야."

"장난해? 그게 무슨 투명망토야."

'투명'은 은폐가 된다는 은유적인 표현이다. 사실 가시광선 영역에서 작동하는 진짜 투명망토가 나오려면 시간이 좀 더 걸린다. 메타물질의 단위 구조를 100nm 수준으로 작게 만들어야 하기 때문이다. 이걸 어느 세월에 한 땀 한 땀 망토로 엮는다는 말인가!

그래도 한 가지 희망적인 사실은 메타물질을 손쉽게 대량으로 만들 수 있는 방법이 속속 나오고 있다는 점이다. 한 예로 메타물질을 직접 만들어보기 전에 빛의 전파나 강도를 확인해볼 수 있는 시뮬레이션 모델이 나왔다.

"앞으로는 설계한 메타물질을 3D 프린팅 기술로 찍어낼 수 있을 거야."

"3D 프린팅까지? 좀 더 쉬운 방법은 없어?"

"메타물질이 필요 없는 방법이 있긴 한데……."

"메타물질이 핵심이라며. 자꾸 사기의 냄새가……."

'불신병'엔 '유튜브'가 답이다. 검색창에 '로체스터 망토Rochester Cloak'를 입력했다. 한국계 미국인 조지프 최(최성훈) 로체스터대 연구원이 2014년 투명망토를 발표하는 영상이 나왔다. 로체스터 망토는 빛의 굴절을 이용한 투명망토로, 볼록렌즈 4개만 있으면 만들 수 있다. 볼록렌즈가 초점거리 안에서는 물체를 크게 보이게 만들지만, 초점거리 밖에서는 물체를 거꾸로 보이게 만드는 특성을 이용했다.

로체스터 망토를 만들기 위해서는 렌즈 4개를 특정한 간격을 두고 일렬로 배열해야 한다. 그러면 2번과 3번 렌즈 사이에, 또 3번과 4번 렌즈 사이의 한 지점에 어떤 물건을 가져다 놔도 투명해져버리는 공간이 생긴다.

"알겠고. 이 투명망토 기술을 어디에 써……?"

열심히 설명했지만 동료는 빨리 이 대화를 빨리 끝내길 원했다.

"회사에서 낮잠 자고 싶을 때? 아님 잠입 취재할 때?"

"……."

"상상은 자유잖아."

물론 로체스터 망토를 개발한 최 연구원은 훨씬 더 공익적으로 생각했다. 트럭 뒤에 쌓은 짐 너머로 뒤쪽이 보이게 만들거나, 환자의 수술 부위를 가리는 의사의 손이나 수술 도구를 안 보이게 만들 수 있다고 말이다. 투명망토 기술은 사실 과거 군사 목적의 은폐기술Stealth로 시작했다. 그러나 갈수록 그 활용 분야가 넓어지고 있다. 메타물질의 독특한 광특성을 이용해 몸속에 숨겨진 암세포를 찾아내고 치료할 수 있다는 아이디어가 있을 정도. 이제 마음껏 상상할 일만 남았다. 불과 몇십 년 전만 해도 물리학자들조차 투명망토가 불가능하다고 말했다.

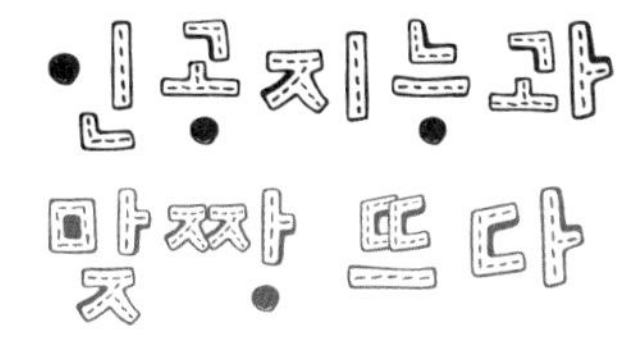

"인공지능이랑 스타크래프트 경기를? 이길 수 있을까?"

"인류 대표로 최선을 다해보려고요."

때는 2016년 3월, 이세돌 9단이 인공지능(AI) 프로그램 알파고에게 패배해 사회 전체가 충격에 빠져 있던 시기였다. 지금은 EBS PD로 일하고 있는 후배 송준섭 기자와의 당시 대화는 진지함을 넘어 비장했다. 보드게임의 '끝판왕' 바둑을 정복한 알파고는 다음 도전 분야로 온라인 실시간전략시뮬레이션(RTS) 게임인 스타크래프트를 지목했다.

게임 인공지능은 인공지능 연구가 처음 시작된 1950년대부터 이어져 왔다. 목표가 명확하고 결과를 객관적으로 알 수 있다는 점에서 게임은 인공지능을 연구하기에 최적의 분야이기 때문이다. 실제로 1990년대 오셀로, 체커, 체스를 하던 인공지능은 2000년대 들어 비디오게임으로도 영역을 확장했다. 현재 철권 같은 격투 게임, 앵그리버드 같은 모바일 게임, 서든어택 같은 FPS 게임에 모두 도전 중이다.

재밌는 건 이런 게임 인공지능이 단순히 이기는 것을 목표로 하지 않는다는 점이다. 인간과 유사한 플레이를 하거나, 플레이를 하는 사람의 수준에 맞춰 자신의 실력을 조절하는 인공지능도 있다. 과연 스타크래프트에 도전하는 인공지능은 어떤 수준일까. 과학동아 기자가 단독으로 '맞짱'을 떴다.

"떨리지 않아?"

"그래 봤자 컴퓨터인데요 뭐."

결전을 치르러 떠나는 송 기자는 담담했다. 왕년에 스타크래프트 좀 했다는 그는 연습도 지난 주말에 딱 한 판밖에 하지 않았다고 말했다. 자신 있는 표정과 달리 그의 가방에는 소싯적 PC방에 챙겨 다녔던 비장의 무기, 전용 키보드가 들어 있었다. 지면 망신이라고 생각하는 듯했다.

대결 장소는 세종대 인지 및 지능 실험실로 정해졌다. 인공지능 스타크래프트를 개발하는 연구실이다. 첫 상대는 '스카이넷'. 캐나다에서 개발한 이 인공지능은 자원 확보와 물량 공세가 특기였다.

"시작한 지 1분 만에 정찰을 하러 왔네."

송 기자는 꽤 놀란 눈치였다. 스타크래프트에 기본으로 탑재된 인공지능은 정찰을 하지 않는다. 낮은 단계의 인공지능일수록 본인 할 일만 하기 때문이다. 그런데 스카이넷은 상대의 전략을 끊임없이 파악하며 그에 맞춰나가도록 업그레이드가 됐다. 또 스카이넷은 경기가 끝날 때까지 계속해서 공격을 퍼부었다. 기본 인공지능은 초반 10분 이후로는 별다른 공격을 하지 않는데 말이다. 첫 대결은 막판까지 치열한 접전을 펼친 끝에 겨우 인간이 승리했다.

두 번째 상대는 일본 리츠메이칸대가 개발한 '아이스봇'이 나왔다. 유체의 흐름을 설명하는 수학 공식을 활용해 대규모 병력을 자연스럽게 움직인다고 알려진 상대였다. 송 기자는 스카이넷이 소규모 별동대를 이용한 견제에 약했다는 점에 착안해 같은 전략을 아이스봇에 썼다. 그러나 아이스봇은 견제를 완벽히 막아냈다. 그리고 그 과정에서 신기에 가까운 컨트롤을 보였다. 결국 아이스봇의 대규모 병력이 인간의 본진을 유린했다.

"gg(good game)."

송 기자는 패배를 인정했다.

그로부터 약 1년 뒤인 2017년 10월, 세종대에서는 '인간 vs 인공지능' 스타크래프트 대결이 또 한번 열렸다. 이번 대결은 프로게이머와 스타크래프트 인공지능 4개가 출전하는 등 규모가 컸다. 인공지능 대표로는 호주의 ZZZK와 노르웨이의 TSCMO, 한국의 MJ봇, 그리고 페이스북에서 만든 체리피CherryPi가 출전했다. ZZZK와 TSCMO는 2010년부터 국제전기전자공학회(IEEE) 인공지능게임학회가 매년 개최하는 '국제 인공지능 스타크래프트 대회'에서 1위, 2위를 한 선수들이다. 인간 대표로는 프로게이머 송병구 선수가 나섰고 사전 경기는 세종대 학생들이 출전했다.

'5 : 1' 사전 경기는 인공지능의 압도적인 승리로 끝났다. MJ봇은 마린 1기를 이용해 3분 만에 세종대 학생의 정찰 프로브를 잡아냈다. 그러나 프로게이머와의 본경기는 4 : 0 완승. 인간의 일방적인 승리였다. 지형과 건물을 활용한 인간의 전략에 인공지능은 속수무책으로 당했다. 30분도 안 돼 4개의 인공지능을 모두 이겼다.

"꼼꼼하게 컨트롤을 해 사람과 경기하는 느낌이었습니다."

게임을 마친 송 선수는 인공지능의 컨트롤 능력을 높게 평가했다. 실제로 인공지능은 인간을 초월하는 컨트롤과 반응 속도를 뽐냈다. 대략적으로 비교해 최상급 프로게이머가 분당 400~500개의 명령을 내릴 수 있었다면, 인공지능은 분당 5000개 이상의 명령을 내렸다.

하지만 대다수의 전문가는 단순히 컨트롤 실력만으로는 알파고가 인간을 이길 수 없을 것이라고 전망한다. 바둑을 학습하는 데 사용했던 딥러닝[13] 기술을 스타크래프트를 배우는 데 그대로 적용할 수 없기 때문이다. 일단 생각할 시간이 바둑처럼 길지 않다. 실시간으로 이뤄지는 게임에서 프로게이머와 대결하기 위해서는 적어도 0.15~0.2초 이내에 새로운 판단을 해야 한다. 또 학습해야 할 정보량도 바둑보다 훨씬 많다. 바둑 한 게임은 바둑판 300장 정도를 학습하면 되지만, 스타크래프트 한 게임은 초당 24개 프레임이 지나가는 20분짜리 영상을 학습해야 한다.

그러나 또 모르는 일이다. 알파고 '제로Zero'는 인간이 제공한 데이터 없이, 무無에서 출발해 혼자 가상 대국을 하면서 스스로 기력을 쌓았다. 알파고 제로는 고작 사흘을 학습한 뒤 이세돌 9단을 물리친 알파고를 100대 0으로 이겼다.

인공지능 전문가인 조성배 연세대 컴퓨터과학과 교수는 이를 두고 "많은 사람들이 최근의 인공지능은 고성능 컴퓨터와 데이터만 많으면 완성된다고 여기고 있는데, 알파고 제로의 핵심은 그 둘이 배제된 알고리즘에 있다"고 평가했다. 이는 쉽게 말해 알파고가 몸이 아닌 머리를 써서 인공지능의 한계로 꼽히는 문제들을 해결해나가고 있다는 뜻이다. 복잡한 신경망을 통합하고, 불필요한 계산을 줄이고, 오류를 배제해 더 빠르고 안정된 학습을 수행하고 있다.

알파고와 인간의 스타크래프트 대결은 이르면 2018년 있을 예정이다. 구글 딥마인드 팀은 블리자드사의 스타크래프트2를 이용한 인공지능 연구를 진행하고 있다고 밝혔다. 하지만 본격적인 대결은 게임이 아닌 다른 분야에서 펼쳐질 가능성이 높다. 한 예로 구글 딥마인드 팀은 알파고 제로를 끝으로 바둑계에서 은퇴를 선언했다. 개인적으로는 이런 은퇴 선언이 앞으로는 의료, 법률, 투자, 예측과 같은 다른 분야에 나서겠다는 선전포고처럼 들린다. '알파고 vs 의사' '알파고 vs 변호사' '알파고 vs 펀드매니저'의 대결이 머지않았다.

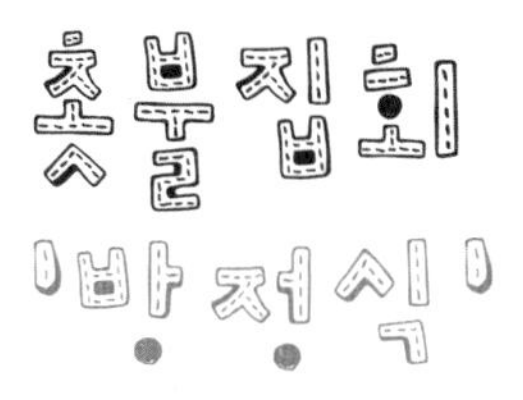

"우린 지금 역사의 현장에 서 있는 것 같아."

2016년 11월 5일 서울 광화문광장 2차 촛불집회. 함께 간 지인은 이렇게 말했다. 늦가을치고 꽤 추운 날씨였음에도 광장에는 셀 수 없을 정도로 많은 사람이 모여 있었다. 그 많은 사람이 질서정연하게 촛불을 들고 걷고 있는 모습은 사실 좀 충격적으로 다가왔다. 거대한 절벽, 거대한 파도를 마주한 것처럼 스케일에 압도당했다.

그런데 이런 스케일도 주최 측이 보는 것과 경찰 측이 보는 것은 달랐던 모양이다. 집회가 거듭될수록 참가자 수에 대한 논란이 끊이지 않았다. 특히 11월 12일 진행된 3차 촛불집회는 주최 측 추산 인원(100만 명)과 경찰 측 추산 인원(26만 명)이 4배 정도 크게 차이가 났다.

'어떻게 하면 촛불집회에 참여한 사람들을 정확하게 셀 수 있을까?'

과학자들은 저마다의 독특한 아이디어를 내놨다. 박인규 서울시립대 물리학과 교수는 집회 사진 속 촛불 수를 셌다. 그는 입자물리 실험에서 '제트' 수를 셀 때 사용하는 소프트웨어를 응용했다. 제트는 충돌한 입자들이 뭉쳐서 빛을 내는 것으로, 제트를 분석하면 충돌한 입자들의 정보를 역으로 알 수 있다. 따라서 입자물리학자들은 제트 수와 제트의 에너지를 측정하는 소프트웨어를 쓴다.

박 교수는 3차 촛불집회 때 광화문광장에 모인 군중을 촬영한 사진을 여러 개의 작은 영역으로 나눈 뒤, 제트를 분석하는 소프트웨어로 각 영역에 있는 촛불 수를 측정했다. 촛불 수는 총 1만 8000개였다. 촛불을 들지 않은 사람이 촛불을 들고 있는 사람보다 1~2배 더 많다고 가정하면 집회 참가 인원은 약 3만 6000명에서 5만 4000명이 된다. 이 결과를 시청 앞, 종로, 종각, 서소문에도 적용하면 총 15만 제곱미터 면적에 60만 명이 모였다는 계산이 나온다. 이 역시 경찰 추산(26만 명)보다 훨씬 많은 숫자다.

"도대체 경찰 측은 어떻게 추산하기에 그렇게 적게 나오는 거지?"

사회부에 있는 동료 기자에게 물었다.

"보통 1평(3.3㎡)에 있는 사람 수를 앉아 있을 땐 5~6명, 서 있을 땐 9~10명으로 계산하지."

하지만 집회 면적이 총 10만 제곱미터이니 경찰의 기준대로 계산해도 26만 명은 너무 적은 숫자였다. 고민하던 중 원병묵 성균관대 신소재공학부 교수의 분석을 찾았다. 원 교수는 경찰은 현재 면적과 인구밀도를 이용해 고정인구를 따지고 있는데, 여기에 유동인구까지 고려해야 한다고 주장했다. 원 교수는 당시 한 기자와의 인터뷰에서 "유동인구가 고정인구보다 최대 3배가량 많으므로 유동인구를 고려한 주최 측 추산과, 유동인구를 고려하지 않은 경찰 측 추산에 큰 차이가 나는 것"이라고 설명했다.

그렇다면 유동인구 수는 어떻게 계산할까. 원 교수는 유체역학의 원리를 이용했다. 먼저 폭이 1m인 도로를 가정하고 1초 동안 이 도로를 통과한 집회 참가자 수를 계산한 뒤(유속), 이 사람들이 이동한 거리의 폭을 곱하고, 이동한 시간을 또 곱했다. 그렇게 나온 촛불집회 유동인구 방정식은 다음과 같았다.

총 유동인구 수=(폭 1m 거리를 1초 동안 지나간 사람 수)×(이동한 길의 폭)×(집회 시간)

이 방정식에 따라 유속이 3.3명이라고 가정하면 총 유동인구는

72만 명, 여기에 경찰이 계산했던 고정인구 26만 명을 더하면 집회 참가자 수는 98만 명이 된다.

한편 장원철 서울대 통계학과 교수는 경찰 측과 주최 측이 참석 인원의 정의를 다르게 내리고 있다고 분석했다. 경찰은 순간 최대 집회 참석 인원을 세는 반면, 주최 측은 집회에 잠깐이라도 다녀간 '연 참석 인원'을 센다는 것. 장 교수는 "특정 시간에 집회에 참석한 군중의 비율, 그리고 그 시간에 실제로 얼마나 많은 사람이 모였는가 두 가지 정보만 있으면 대규모 군중집회에 한 번이라도 다녀간 사람 수를 비교적 정확히 알 수 있다"고 말했다.

쉽게 말해 집회에 참가하는 인원이 총 200명이라고 가정해보자. 2시에 집회에 참석하는 사람의 비율이 70%라고 하면, 2시에 현장에 있는 사람은 140명이다. 만약 우리가 2시에 참석하는 인원의 비율이 70%이고, 2시 현재 현장에 있는 사람이 140명인 것을 확인하면 그날 하루 동안 집회에 다녀간 인원이 총 200명이라는 것을 역으로 계산할 수 있다.

장 교수는 이런 방정식을 2017년 4월 22일에 열린 '과학행진March for Science'에서 실제로 적용해 보였다. 과학행진은 도널드 트럼프 미국 대통령이 환경과 과학 연구 예산을 삭감하는 반과학적인 정책을 펼친 데 항의하는 과학자들의 대중 집회다. 4월 22일 전 세계에서 진행됐고 한국에서는 서울 광화문에서 열렸다.

"그런데 사실 휴대전화 GPS 정보만 있으면 게임 끝 아닌가? 스마트폰을 안 들고 오는 사람은 없을 거 아냐."

과학적인 계산법을 한참 동안 설명하고 있는데 사회부 동기가 산통을 깼다.

"과학자들이 그걸 몰라서 안 하는 게 아닙니다요."

실제로 통신사들이 제공하는 공간 정보를 받으면 수도권 89만 개 셀(50x 50m)당 몇 명의 모바일 폰 사용자가 이동하고 있는지 알 수 있다. 이것으로 사용자의 이용 패턴을 알아내고 마케팅 전략에 활용하는 사례가 많다. 그러나 이 방법을 대규모 군중집회에 적용하기엔 현재로선 오차가 크다. 센서의 한계일 수도 있고, 집회가 이뤄지는 모든 지역을 다루지 못해서일 수도 있다. 개인정보 보안 문제도 걸려 있다.

대규모 군중집회의 참석 인원을 둘러싼 논란은 그 이후에도 계속됐다. 2016년 1월 20일에는 트럼프 대통령의 취임식 참석 인원을 언론이 인위적으로 축소 조작해 보도했다는 논란이 일었다. 2017년 9월 9일에는 자유한국당의 장외 집회에 참석한 인원(주최 측 추산 10만 명)을 두고 입씨름이 있었다.

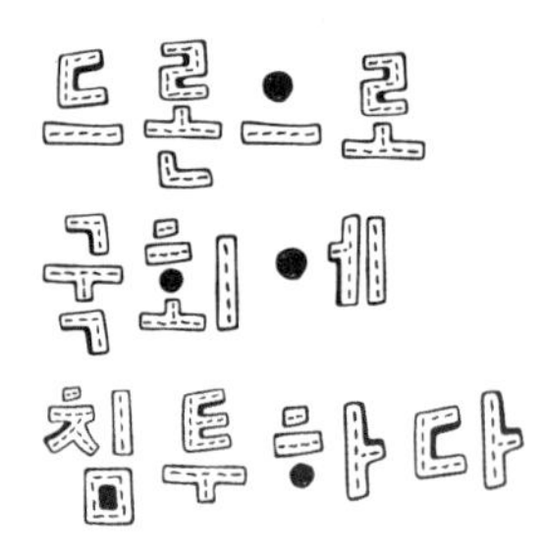

“너무 잘 보이는 거 아닐까요? 좀 숨어서 날리는 게…….”

“숨어서 날리면 더 이상하지.”

“사람들이 자꾸 쳐다보는데…….”

카메라팀 선배와 나는 여의도 국회의사당 뒷문에서 한참을 티격태격했다. 때는 2014년 4월, 북한에서 만든 것으로 추정되는 무인항공기(드론)가 파주, 삼척, 백령도 등에서 잇따라 발견되면서 큰 논란이 일던 시기였다. 과학 기자로서 스파이 드론이 얼마나 위협적인지 궁금증이 생겼다. 고민 끝에 취재진이 국회를 정찰한다고 가정하고, 직접 드론을 띄워보기로 했다.

최대한
집중하고 있다구용
쉿
빨리
빨리

그런데 막상 날리려니 여러 가지가 걸렸다. 바람이 좀 세긴 했지만 비행 자체는 어렵지 않았다. 요즘같이 드론이 대중화되기 훨씬 전부터 방송에서는 '그림'을 위해 드론을 이용해왔기 때문이다. 문제는 우리가 드론을 날리려는 여의도가 비행이 금지된 '레드존red zone'이라는 사실. 별도 등록 없이 드론을 날리면 수도방위사령부(수방사)가 폭파시킬 수 있는 지역이었다. 그러면 비싼 드론을 잃는 것은 둘째치고, 파편에 사람들이 다칠 위험도 있었다. (물론 수방사가 사람들 머리 위에서 폭파시키지는 않겠지만 말이다.)

또 마침 윤중로에서 여의도 벚꽃축제가 열리는 기간이라 보는 눈도 많았다. 명색이 정찰 실험인데 시민들은 '웅웅' 소리를 내는 드론이 신기한지 취재진을 에워싸고 떠나지 않았다. '에라 모르겠다. 들키기 전에 띄워나 보자.' 카메라팀 선배와 눈신호를 주고받은 뒤, 드론을 출동시켰다. 드론은 순식간에 국회의사당 담장을 넘었다. 사람들은 멀어지는 드론을 몇 초간 지켜보더니 이내 벚나무로 눈을 돌렸다. 그 이후부터는 취재팀의 드론을 신경 쓰는 사람은 아무도 없었다. 정찰은 15분가량 무사히 진행됐다.

"뭐가 좀 찍혔어요?"

카메라팀 선배는 대답 대신 카메라의 LCD를 보여줬다. 조금 전까지 드론이 국회의사당의 뒤뜰에서 촬영한 영상이었다. 결과는 놀라웠다. 북한 드론보다 훨씬 낮은 사양의 카메라를 장착했는데도 국회의 동향 파악이 어렵지 않았다. 건물 구조는 물론, 주차된 자동차가 몇 대인지 오가는 사람들의 모습까지 쉽고 세세하게 찍혔다. 화질은 방송에 써도 손색이 없을 만큼 좋았다. 촬영한 영상은 그날 저녁 뉴스에 심각하게 보도됐다.

"그때와는 많이 달라졌지. 요즘은 허가 없이는 촬영하기 힘들어."

잡지사로 옮긴 뒤 오랜만에 당시 촬영을 맡았던 이호영 채널A 선배와 통화를 했다. 선배는 4년 전과 분위기가 많이 바뀌었다고 전했다. 방송사에서 운영하는 드론도 촬영 일주일 전 국방부 홈페이지에 신고를 해야 하고, 수도권 내에서 이뤄지는 촬영이면 수방사의 허가도 받아야 한다고 했다. 조금 불편할 수는 있겠지만 당연한 규제라는 생각이 들었다. 전 세계적으로 드론이 범죄나 테러에 악용되는 경우가 늘고 있기 때문이다.

특히 촬영용 드론 기술이 발전하면서 '드론 몰카' 문제가 심각해졌다. 2017년 7월 제주도에서는 해수욕장 인근 노천탕에서 드론을 이용해 몰카를 찍던 남성이 경찰에 붙잡히는 사건이 발생했다. 해당 지역은 드론을 날려서는 안 되는 규제 지역이지만 일일이 통제가 어려워 불미스러운 일을 막지 못했다. 최근에는 컴퓨터 기술이 발전하면서 드론이 해킹에 사용될 우려도 커지고 있다. 센스포스트사가 개발한 드론 '스누피Snoopy'가 대표적이다. 스누피는 스마트폰 주위에 둥둥 떠서 해킹을 한다. 전문 해커 새미 캄카가 개발한 '스카이잭SkyJack'은 다른 드론의 정보를 무선 인터넷을 통해 빼낸다.

'나는 드론 위에 막는 안티 드론'. 나는 당장 다음 달 잡지에 안티 드론 기술에 대한 기사를 실었다. 어떻게 하면 국회에 몰래 드론을 날릴 수 있을까 고민하던 기자가 이제는 막는 기술을 취재하는 아이러니란. 오디오, 광학, 적외선 센서를 달고 숨어 있는 드론을 24시간 감지하는 '드론트래커DroneTracker'부터, 적의 드론을 격추하지 않고 전파를 쏴 끌어내리는 '드론디펜더DroneDefender'까지. 세상은 넓고 취재할 것은 많다는 것을 새삼 느꼈다.

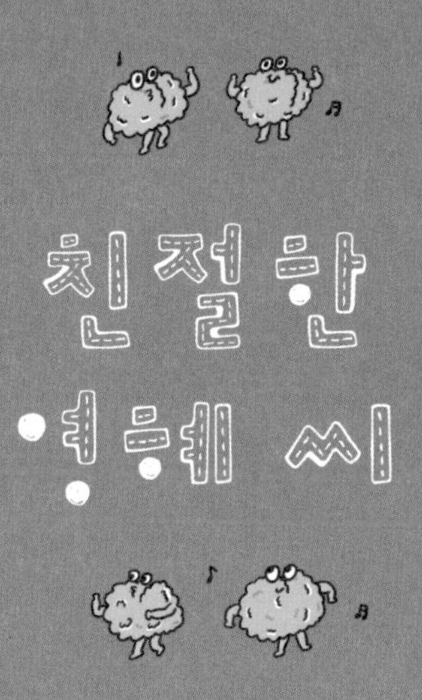

1. 단일염기 다형성SNP, Single Nucleotide Polymorphism

DNA는 유전 정보가 저장돼 있는 곳입니다. 인간을 만드는 설계도인 셈이죠. SNP는 이런 DNA 일부에 나타난 돌연변이입니다. DNA를 구성하는 염기서열 500~1000개당 1개꼴로 나타나는데, SNP가 어떤 유형인가에 따라 외모, 체질, 건강이 결정됩니다. 세포에는 총 300만 개의 SNP 자리가 존재한다고 알려져 있습니다. 수년 전부터 미국과 유럽에서는 이중 수십만 곳을 분석해 질병에 걸릴 가능성을 예측해주는 서비스를 제공하고 있습니다. 예를 들어 2형 당뇨병이나 유방암, 전립선암과 관련 있는 DNA 유전자의 SNP를 분석해 이 부분의 돌연변이가 실제 환자들과 유사한지 유사하지 않은지를 비교하는 겁니다. 그러기 위해서는 질병과 관련된 DNA가 무엇인지, SNP 유형별로 어떤 신체적 특성을 나타나는지에 대한 연구가 선행돼야 합니다. 생명공학 연구가 발전할수록 SNP 분석은 더 정확해질 것으로 기대됩니다.

2. 복측피개영역VTA, Ventral Tegmental Area

뇌 속 복측피개영역은 우리 몸의 '보상 센터'입니다. 복측피개영역이 자극을 받으면 흥분성 신경전달물질인 도파민을 만들어내고, 이것이 신경을 통해 전달되면서 행복감이 발생합니다. 이러한 일련의 과정은 쾌락을 유발하는 자극이 알코올이든 마약이든 인터넷이든 고칼로리 음식이든 매우 유사하게 일어납니다. 자극은 과도하게 반복하면 중독이 됩니다. 계속해서 자극을 갈망하게 되는 거죠. 심한 중독은 내성과 금단증상을 동반합니다. 점점 더 강한 자극을 찾고, 자극이 사라지면 불안해지는 등 신체적 변화가 나타납니다.

3. 케톤 생성 식이요법Ketogenic Diet

케톤 생성 식이요법은 고지방, 저단백, 저탄수화물 식이법입니다. 1920년대 뇌전증(간질) 치료를 위해 개발됐죠. 핵심은 탄수화물을 통해 당을 얻는 대신, 지방으로부터 케톤을 얻어 에너지로 쓰는 것입니다. 실제로 환자에게 적용하면 20~30%가 경련이 90% 억제되는 등 우수한 효과를 보인다고 합니다. 일각에서는 이런 식이법이 다이어트 효과가 있다고 주장하기도 합니다. 하지만 저탄수화물 다이어트와 저지방 다이어트의 효과는 크게 차이가 없다는 게 전문가들의 공통된 의견입니다. 불균형적인 식사를 지속하면 케톤증, 뇌졸중 같은 합병증이 발생할 수도 있습니다.

4. TCA 회로Tricarboxylic Acid Cycle

TCA 회로는 체내에서 유기화합물을 분해해 에너지를 얻는 '세포 호흡'의 한 과정입니다. 잘게 쪼갠 탄수화물, 지방, 아미노산 같은 대사 생성물은 TCA 회로에서 산화돼 에너지원(ATP)과 물, 이산화탄소로 바뀝니다. TCA 회로가 주로 진행되는 장소는 세포 내 미토콘드리아의 내막입니다. 단세포·다세포 동물, 남조류를 제외한 진핵생물 즉, 식물·균류·동물들은 모두 TCA 회로를 이용해 살아가는 데 필요한 에너지를 얻습니다.

5. 산화 스트레스Oxidative Stress

체내에 들어온 산소는 에너지인 ATP를 만들거나 음식물을 소화시키는 물질대사 과정에 쓰인 뒤 독성물질인 '활성산소'를 만들어냅니다. 활성산소는 산소가 에너지를 받아 전자가 들뜬 상태로 반응성이 매우 높습니다. 이런 불안정한 상태를 벗어나기 위해 활성산소는 주위의 다른 물질의 전자를 뺏는 산화반응을 일으키죠. 아미노산을 산화시켜 단백질을 망가트리고 세포나 세포소기관에 손상을 입히기도 합니다. 뿐만 아니라 노화를 일으키고 지속적으로 쌓일 경우 DNA 변형을 유도해 암을 유발하기도 합니다. 모두 산화 스트레스의 결과입니다. 과학자들은 활성산소를 없애거나 산화 스트레스를 감소시킬 물질을 찾고 있습니다. 밤꽃의 냄새 성분인 스퍼미딘도 그중 하나로 주목받고 있습니다.

6. 초분광 카메라Hyperspectral Camera

초분광 카메라는 400nm에서 1000nm에 이르는 넓은 파장대의 빛을 500개 이상의 영역대로 세분화하는 분광기를 장착한 카메라입니다. 일반 카메라가 빛을 빨강, 초록, 파랑 세 영역대로 기록하는 것과 비교하면 어마어마한 성능이죠. 가시광선뿐 아니라 눈에 보이지 않는 적외선 영역의 빛도 촬영할 수 있습니다. 빛을 극도로 촘촘하게 분리하는 이유는 물체가 빛에 반응해 내놓는 특징적인 복사 파장을 감지하기 위해서입니다. 가령 독도 사면의 암석 정보를 알아내기 위해서는 서로 다른 암석이 내는 각기

다른 파장의 빛을 구분해야 합니다. 분광학은 지난 100여 년 동안 화학, 생물학, 지구과학, 천문학 등에서 대상 물체의 특성을 규명하기 위한 수단으로 쓰였습니다. 최근 기술이 발달하면서 분광기를 인공위성 등에 적용해 원격 탐사에도 이용하고 있습니다.

7. 뉴로피드백Neurofeedback

뉴로피드백은 원하는 뇌파를 더 강하게 만드는 기술입니다. 신경이라는 의미의 접두사 '뉴로(neuro)'가 붙어 있죠. 뉴로피드백 기술의 시작은 무려 1930년대로 거슬러 올라갑니다. 당시 과학자들은 뇌파를 측정하면서 특정 뇌파가 나올 때만 스피커에서 소리가 나게 하는 실험을 진행했는데요. 실험 결과 특정 뇌파가 점점 커지는 현상이 발견됐습니다. 조건반사와 유사했죠. 여기서 발전한 오늘날의 뉴로피드백 기술은 뇌파측정장치가 사용자의 뇌에서 발생하는 뇌파의 정보를 사용자에게 피드백해줌으로써 사용자가 원하는 뇌파를 발생하게 유도합니다. 이는 뇌가 끊임없이 신경망을 발달시키는 '가소성'을 갖기에 가능한 일입니다. 뉴로피드백의 최종 목표는 뇌의 인지능력을 극대화시키는 것입니다. 그러나 뇌파를 변화시키는 것이 인지능력 향상으로 이어지지 않는다는 부정적인 의견도 있습니다.

8. 핵산과 아미노산Nucleic Acid & Amino Acid

핵산과 아미노산은 감칠맛을 내는 성분들입니다. 천연 재료에도 아주 풍부하고 조미료로도 개발돼 있습니다. 다시마에 들어 있는 글루탐산이 대표적인 아미노산계 물질입니다. 가다랑어포, 소고기, 닭 뼈에서 추출한 이노신산, 말린 표고버섯 등에 들어 있는 구아닐산은 대표적인 핵산계 물질입니다. 이런 재료들은 재밌게도 '상승작용'을 일으킵니다. 가령 이노신산과 글루탐산이 5 : 5로 만나면 감칠맛은 원래보다 7배가량 증폭됩니다. 글루탐산을 똑같이 구아닐산과 섞으면 감칠맛이 30배로 증가하고요. 버섯이 국물 요리에 단골로 쓰이는 이유랄까요. 식품 속의 감칠맛을 내는 물질은 대부분 단백질 상태입니다. 단백질은 거대해서 맛으로 느끼기 힘듭니다. 성분을 잘게 쪼갠 조미료를 우리가 애용하는 이유입니다.

9. **드라이비트**Drivit

드라이비트는 건물 외벽에 단열재와 이를 지탱하기 위한 섬유 유리층을 붙이고 석고나 시멘트를 덧붙이는 마감 방식입니다. 1969년 드라이비트라는 회사가 처음으로 선보인 외단열 방식인데, 건물에 습기가 적어지고 단열이 더 잘된다는 장점이 있어 대중화됐습니다. 가격이 싸고 시공이 간단한 점도 장점이죠. 문제는 드라이비트용 단열재로 스티로폼 같은 가연성 자재를 쓰는 경우입니다. 불이 외벽을 타고 빠른 속도로 상승하는 원인이 됩니다. 2015년 이후 우리나라에서는 6층 이상의 건물 외벽에는 가연성 단열재를 사용할 수 없도록 돼 있습니다. 그러나 6층 이하의 다중이용시설이나 2015년 이전에 건축된 건물들은 위험에 그대로 노출돼 있는 게 현실입니다.

10. **과불화화합물**PFC, Poly- & Per-fluorinated Compounds

과불화화합물은 탄화수소의 기본 골격에서 수소(H)가 플루오린(F)으로 바뀐 물질입니다. 그 종류는 탄소 수, 작용기에 따라 매우 다양합니다. 과불화화합물이 될 수 있는 전구체 물질까지 포함하면 수백 종이 넘습니다. 이것들은 공통적으로 긴 탄소 사슬을 가지고 있는데요. 사슬이 길수록 발수성과 발유성은 더 뛰어납니다. 과불화화합물이 방수제와 윤활제, 페인트와 잉크, 종이 등에 팔방미인으로 쓰이는 이유입니다. 단점은 탄소와 플루오린의 강한 결합력 때문에 발암성과 잔류성, 생물농축성이 높다는 점입니다. 인체와 환경에 더 유해하다는 의미죠. 유럽은 신화학물질관리제도(REACH)를 통해, 미국은 환경보호청(EPA)에서 과불화화합물을 관리하고 있습니다. 한국은 아직 준비 단계로 과불화화합물의 유통량과 배출량 등을 조사하고 있습니다.

11. **방사성 핵종**Radionuclides

방사성 핵종은 원자핵이 불안정해 감마선과 같은 에너지(방사선)를 방출함으로써 안정화되는 원자입니다. 방사성 핵종은 천연 상태로 만들어지기도 하고 인공으로 합성되기도 합니다. 원자력 발전 과정에서도 다양한 방사성 핵종들이 방출됩니다. 2011년 원전 사고 이후 문제가 됐던 방사성 핵종은 요오드 131과 세슘 137 등이었는데요. 특히 세슘 137은 그 양이 반으로 감소하는 데 걸리는 시간(반감기)이 30년으로 길어서 지금도 지하수와 강 어딘가에서 꾸준히 방사선을 내놓고 있습니다.

12. 메타물질Metamaterial

메타물질은 빛의 굴절을 잘 조절할 수 있도록 만든 인공 물질입니다. '메타'는 희랍어로 '범위나 한계를 넘어서다'라는 뜻이죠. 투명망토에 적용하는 메타물질은 빛을 심하게 꺾어서 빛이 흡수되거나 반사되지 않고 물체의 주위를 돌아 지나가게 만듭니다. 이것을 '음의 굴절률'이라고 하는데요. 덕분에 메타물질 뒤의 사물을 반대 방향에서 볼 수 있어 메타물질 자체는 투명하게 보입니다. 메타물질을 투명망토 기술에 적용하기 위해서는 몇 가지 난관이 있습니다. 메타물질을 100nm 크기의 작은 나노입자로 만들어야 한다는 점, 메타물질이 구조적으로 약하다는 점 등입니다. 또한 메타물질이 완전히 투명하지 않다는 점도 풀어야 할 숙제입니다.

13. 딥러닝Deep Learning

딥러닝은 입력과 출력 사이에 겹겹이 층layer을 쌓아 만든 네트워크로 문제를 해결하는 방법입니다. 딥러닝을 이용해 인간의 신경망을 모방한 인공지능이 '심층 신경망Deep Neural Network'입니다. 딥러닝의 각 층들은 간단한 연산을 통해서 정보를 재처리하고, 다음 층으로 재처리된 정보를 넘깁니다. 컴퓨터는 방대한 데이터로 학습을 해 층간의 가중치를 구함으로써 심층 신경망을 학습시킵니다. 새롭게 업그레이드된 알파고 '제로'는 심층 신경망을 학습시키는 과정을 인간이 입력하는 데이터의 도움 없이 혼자서 해냈습니다.